"创新设计思维"
数字媒体与艺术设计类
新形态丛书

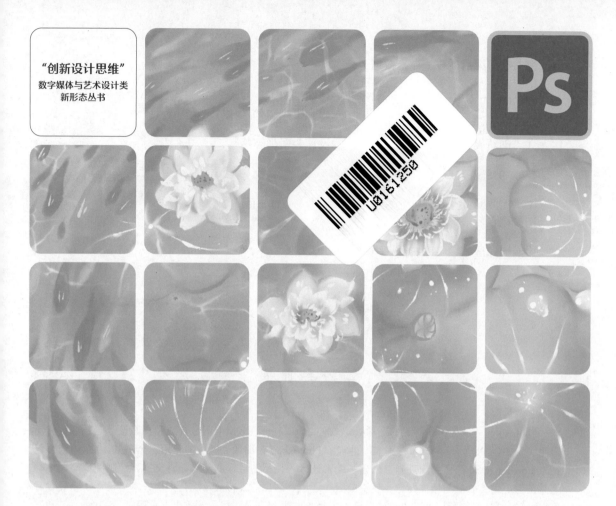

Ps

Photoshop CS6

平面设计基础教程 移|动|学|习|版

互联网＋数字艺术教育研究院 策划

许耿 胡勇 贾宗维 主编 **车秀梅 张婧月 张建美** 副主编

人民邮电出版社

北 京

图书在版编目（ＣＩＰ）数据

Photoshop CS6平面设计基础教程：移动学习版 /
许耿，胡勇，贾宗维主编. -- 北京 : 人民邮电出版社，
2023.4（2023.8重印）
（"创新设计思维"数字媒体与艺术设计类新形态丛
书）
　ISBN 978-7-115-61119-2

Ⅰ．①P… Ⅱ．①许… ②胡… ③贾… Ⅲ．①平面设
计－图象处理软件－教材 Ⅳ．①TP391.413

中国国家版本馆CIP数据核字(2023)第022626号

内 容 提 要

Photoshop 是深受用户喜爱的图像处理软件之一，在平面设计、图像合成和界面设计等领域被广泛应用。本书以 Photoshop CS6 为蓝本，讲解了 Photoshop 在图像处理中的应用。全书共 10 章，内容包括 Photoshop CS6 图像处理基础、创建与编辑选区、使用图层、创建与编辑文字、绘制图像与图形、调整图像颜色、修复与修饰图像、使用蒙版与通道、添加滤镜特效及综合案例。本书设计了"疑难解答""技能提升""提示""资源链接"等小栏目，并且附有操作视频及效果展示等。

本书不仅可作为高等院校数字媒体艺术、数字媒体技术、视觉传达设计、环境设计等专业的教材，而且可作为相关行业工作人员的学习和参考用书。

◆ 主　　编　许　耿　胡　勇　贾宗维
　　副 主 编　车秀梅　张婧月　张建美
　　责任编辑　李媛媛
　　责任印制　王　郁　陈　犇
◆ 人民邮电出版社出版发行　　北京市丰台区成寿寺路 11 号
　　邮编　100164　电子邮件　315@ptpress.com.cn
　　网址　https://www.ptpress.com.cn
　　三河市祥达印刷包装有限公司印刷
◆ 开本：787×1092　1/16
　　印张：14　　　　　　　　　　2023 年 4 月第 1 版
　　字数：373 千字　　　　　　　2023 年 8 月河北第 2 次印刷

定价：59.80 元

读者服务热线：(010)81055256　印装质量热线：(010)81055316
反盗版热线：(010)81055315
广告经营许可证：京东市监广登字 20170147 号

前言 PREFACE

随着数字图像处理技术应用领域的不断拓宽，市场上对图像处理人才的需求量也在增加。因此，很多院校开设了图像处理相关的课程，但目前市场上很多教材的教学结构已不能满足当前的教学需求。鉴于此，我们认真总结了教材编写经验，用2~3年的时间深入调研各类院校对教材的需求，组织了一批具有丰富教学经验和实践经验的优秀作者编写了本书，以帮助各类院校快速培养优秀的图像处理技能型人才。

 ## 本书特色

本书以设计案例带动知识点的方式，全面讲解Photoshop图像处理的相关操作，其特色可以归纳为以下5点。

- 精选Photoshop基础知识，轻松迈入Photoshop图像处理门槛。本书先对图像的基础知识进行介绍，再对Photoshop的基础知识、文件和图像的基本操作等进行介绍，让读者对使用Photoshop进行图像处理有基本的了解。

- 课堂案例+软件功能介绍，快速掌握Photoshop进阶操作。基础知识讲解完后，通过课堂案例对知识进行运用。课堂案例充分考虑了案例的商业性和知识点的实用性，注意培养读者的学习兴趣，提升读者对知识点的理解与应用。课堂案例讲解完后，再提炼讲解Photoshop的重要知识点，包括工具、命令等的使用方法，让读者进一步掌握Photoshop图像处理的相关操作。

- 课堂实训+课后练习，巩固并强化Photoshop操作技能。正文讲解完后，通过课堂实训和课后练习进一步巩固并提升读者对图像处理的能力。其中，课堂实训提供了完整的实训背景和实训思路，帮助读者梳理和分析实训操作，再通过步骤提示给出关键步骤，让读者进行同步训练；课后练习则是进一步训练读者的独立完成能力。

- 设计思维+技能提升+素养培养，培养高素质专业型人才。在设计思维方面，本书不管是课堂案例还是课堂实训，都融入了设计需求和思路，并且通过"设计素养"小栏目体现设计标准、设计理念和设计思维。另外，本书还通过"技能提升"小栏目，帮助读者拓展设计思维、提升设计能力。本书案例设计精心，涉及传统文化、创新思维、爱国情怀、艺术创作、文化自信、工匠精神、环保节能和职业素养等方面，引发读者思考和共鸣，培养读者的能力与素养。

- 真实商业案例设计，提升综合应用与专业技能。本书最后一章通过讲解海报设计、商品精修、图像合成、包装设计和App界面设计等领域的商业案例制作方法，提升读者综合运用Photoshop图像处理知识的能力。

教学建议

本书的参考学时为60学时，其中讲授环节为27学时，实训环节为33学时。各章的参考学时可参见下表。

章序	课程内容	学时分配	
		讲授	实训
第1章	Photoshop CS6图像处理基础	2	2
第2章	创建与编辑选区	3	3
第3章	使用图层	3	4
第4章	创建与编辑文字	2	3
第5章	绘制图像与图形	3	3
第6章	调整图像颜色	3	4
第7章	修复与修饰图像	3	3
第8章	使用蒙版与通道	4	4
第9章	添加滤镜特效	3	4
第10章	综合案例	1	3
学时总计		27	33

 ## 配套资源

本书提供立体化教学资源，教师可登录人邮教育社区（www.ryjiaoyu.com），在本书页面中进行下载。本书的配套资源主要包括以下6类。

 + + + + + + +

视频资源　　素材与效果文件　　拓展案例　　模拟试题库　　PPT和教案　　拓展资源

视频资源　在讲解与Photoshop相关的操作以及展示案例效果时均配套了相应的视频，读者可扫描相应的二维码进行在线学习，也可以扫描下图二维码关注"人邮云课"公众号，输入校验码"61119"，将本书视频"加入"手机上的移动学习平台，利用碎片时间轻松学。

"人邮云课"
公众号

素材与效果文件　提供书中案例涉及的素材与效果文件。

拓展案例　提供拓展案例（本书最后一页）涉及的素材与效果文件，便于读者进行练习和自我提升。

模拟试题库　提供丰富的与Photoshop相关的试题，读者可自由组合生成不同的试卷进行测试。

PPT、教案和教学大纲　提供PPT、教案和教学大纲，辅助教师开展教学工作。

拓展资源　提供图片素材、设计笔刷等设计素材资源。

编者
2023年3月

目录 CONTENTS

第6章　调整图像颜色

第7章　修复与修饰图像

第8章　使用蒙版与通道

第9章　添加滤镜特效

第10章　综合案例

第1章

Photoshop CS6图像处理基础

Photoshop CS6是处理图像的常用软件之一，它拥有众多的编修与绘图工具，可以有效地进行图片编辑工作。用户在使用Photoshop CS6处理图像之前，需要先了解图像的基础知识、Photoshop的基础知识，并掌握文件和图像的基本操作方法，从而为后面的学习奠定基础。

📖 学习目标

- ◎ 了解像素、分辨率、图像色彩模式、图像文件格式等概念
- ◎ 熟悉Photoshop CS6的工作界面
- ◎ 掌握文件和图像的基本操作方法

◇ 素养目标

- ◎ 培养对图像处理的兴趣
- ◎ 提升对Photoshop CS6的认知

◈ 案例展示

美食菜单内页效果

海岛旅游图册内页效果

图像的基础知识

计算机绘图分为位图图像和矢量图形两大类，了解两者的差异有助于人们认识图像。像素和分辨率主要用于衡量图像细节的表现能力，了解图像的颜色模式和文件格式有助于人们正确创建和输出图像。

1.1.1 位图和矢量图

位图也称为"像素图"或"点阵图"，是由多个像素点组成的图像。用相机、手机等设备拍摄的照片都是位图。位图被放大后，图像画面会变得模糊，且能够看到大量的像素，不同的像素将显示不同的颜色和亮度。图1-1所示为位图被逐渐放大的效果。

矢量图又称为"向量图"，是通过数学公式计算获得的图形。它是根据几何特性绘制的图形，只能用软件生成。矢量图所需的存储空间较小，但色彩较为单一。与位图不同的是，矢量图被不断放大后，图像清晰度不会下降，依然具有平滑的边缘，且矢量图可以导出为任意分辨率的位图，而位图不能转换为矢量图。图1-2所示为矢量图被逐渐放大的效果。

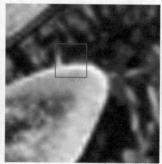

图1-1　位图被逐渐放大的效果

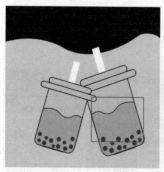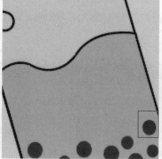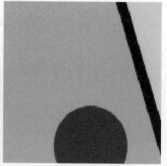

图1-2　矢量图被逐渐放大的效果

Photoshop CS6主要用于处理位图，因此本书大部分内容都是针对位图的操作。当然Photoshop也提供钢笔工具这类矢量图工具，可以绘制由锚点和连接锚点的曲线构成的矢量图形。

1.1.2 像素和分辨率

像素是构成图像的最小单位，像素越多的图像越清晰，效果越逼真。分辨率是指单位长度上的像素数量，单位长度上的像素越多，分辨率越高，图像越清晰，所需的存储空间也越大。图1-3所示为分辨率为"30像素/英寸"的图像效果；图1-4所示为分辨率为"150像素/英寸"的图像效果。

图1-3　分辨率为"30像素/英寸"的图像效果　　　　图1-4　分辨率为"150像素/英寸"的图像效果

设计素养

使用Photoshop CS6处理图像时，用于屏幕显示和网络的图像，分辨率通常设置为72像素/英寸；用于喷墨打印机打印的图像，分辨率通常设置为100~150像素/英寸；用于写真或印刷的图像，分辨率通常设置为300像素/英寸。

1.1.3 图像的颜色模式

颜色模式是数字化记录图像色彩的方式，决定着图像以什么样的方式在计算机中显示或打印输出。Photoshop CS6中常用的颜色模式有RGB颜色模式、Lab颜色模式、CMYK颜色模式、索引颜色模式、灰度模式、双色调模式、多通道模式和位图模式，不同颜色模式的特点不同。

- RGB颜色模式：该模式是由红、绿和蓝3种颜色按不同比例混合而成的颜色模式，是较为常见的一种颜色模式，也是计算机显示器使用的颜色模式。
- Lab颜色模式：该模式中的L表示图像的亮度或明度，a表示由绿色到红色的光谱变化，b表示由蓝色到黄色的光谱变化。该模式是比较接近人眼视觉的一种颜色模式。
- CMYK颜色模式：该模式是由青、洋红、黄和黑4种颜色按不同比例混合而成的颜色模式，是印刷中常用的一种颜色模式。CMYK颜色模式包含的颜色多于RGB颜色模式，所以以该模式印刷出来的图像颜色会比在屏幕上显示的图像颜色更丰富。
- 索引颜色模式：该模式是指Photoshop预先定义好的一个含有256种典型颜色的颜色对照表。当图像转换为索引模式时，系统会将图像的所有色彩映射到颜色对照表中。
- 灰度模式：在该模式中，图像的每个像素都有0（黑色）~255（白色）的亮度值。当彩色图像转换为灰度模式时，将删除图像中的色相及饱和度，只保留亮度。

- 双色调模式：该模式用一种灰度油墨或彩色油墨来渲染灰度图像，可以混合2~4种彩色油墨来创建由双色调、三色调、四色调混合其色阶而组成的图像。
- 多通道模式：在该模式下，图像包含多种灰阶通道。将图像颜色模式转换为多通道模式后，Photoshop将根据原图像产生对应的新通道，每个通道均由256级灰阶组成。
- 位图模式：该模式用黑色和白色两种颜色来表示图像，颜色信息会丢失。需要注意的是，只有灰度模式或多通道模式才能转换为位图模式。该模式适合制作艺术样式或创作单色图形。

1.1.4 常见的图像文件格式

Photoshop CS6支持多种图像文件格式，在使用或存储图像时，可以根据需要选择相应的图像文件格式。

- PSD（*.PSD）格式：该格式是Photoshop自身生成的文件格式，是唯一支持所有颜色模式的格式，也是Photoshop默认的文件存储格式。以PSD格式存储的图像文件包含图层、通道等信息。
- TIFF（*.TIF、*.TIFF）格式：该格式可以实现无损压缩，是图像处理常用的格式之一。该格式很复杂，但对图像信息的存储灵活多变，支持很多色彩系统。
- BMP（*.BMP）格式：该格式是Windows操作系统的标准图像文件格式，能够被多种应用程序支持，且包含丰富的图像信息，几乎不进行压缩，但文件所需的存储空间较大。
- JPEG（*.JPG、*.JPEG、*.JPE）格式：该格式是一种有损压缩格式，支持真彩色，生成的文件较小，是常用的图像文件格式之一。在Photoshop中存储JPEG格式的图像文件时，可以通过设置压缩类型来生成不同大小和质量的图像文件。压缩越大，图像文件越小，图像质量也越差。
- GIF（*.GIF）格式：该格式是一种无损压缩格式。该格式的图像文件较小，常用于网络传输。网页上使用的图像大多是GIF和JPEG格式。与JPEG格式相比，GIF格式的优势在于可以存储动画效果。
- PNG（*.PNG）格式：该格式可以使用无损压缩方式压缩图像文件，支持24位图像，能够产生透明背景且没有锯齿边缘，图像质量也较好。
- EPS（*.EPS）格式：该格式是一种跨平台格式，可以同时包含像素信息和矢量信息，其最大的优点是可以在排版软件中以低分辨率预览，在打印时以高分辨率输出。在存储位图时，还可以将图像的白色像素设置为透明效果。

在不同的应用场景下，应如何选择图像文件的存储格式？

在 Photoshop 中制作的图像文件可存储为 PSD 格式，以方便后期修改；若需要在网页中使用图像文件，则为了保证其显示效果，可以存储为 JPEG 格式、PNG 格式或 GIF 格式；若需要创建带有透明背景的静态图像文件，可以存储为 PNG 格式，若需要创建带有动态效果的图像文件，则可以存储为 GIF 格式；若需要打印输出图像文件，可存储为 TIFF 格式或 JPEG 格式。

Photoshop CS6的基础知识

Photoshop是由Adobe公司开发和发行的图像处理软件，拥有功能强大的编辑与绘图工具，可以有效地进行图像处理工作。了解Photoshop 的应用领域和基本功能，可以帮助用户快速熟悉Photoshop。

1.2.1　了解 Photoshop 的应用领域

Photoshop因其强大的功能，被广泛应用于平面设计、人像/商品精修、图像合成、包装设计、界面设计等领域。

1. 平面设计

平面设计是一种集创意、构图和色彩于一体的艺术表达方式。平面是传达信息的载体，平面设计可以将不同元素按照一定规则组合在平面上，形成具有特定审美倾向的作品。平面设计包括海报设计、广告设计、标志设计、宣传手册设计、贺卡设计和杂志排版设计等方面。Photoshop可以满足平面设计的各种要求，制作出内容丰富的平面作品。图1-5所示为Photoshop在平面设计中的应用。

图1-5　Photoshop 在平面设计中的应用

2. 人像/商品精修

人像/商品精修主要包括调整照片构图和色调、美化人物五官细节、磨皮与美白皮肤以及艺术化修饰等内容。通过Photoshop提供的图像调整、修饰和修复等功能，能够快速、方便地处理图像。图1-6所示为Photoshop在人像精修中的应用。

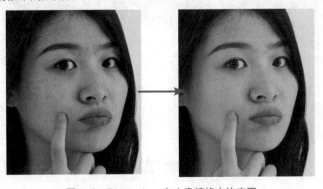

图1-6　Photoshop 在人像精修中的应用

3. 图像合成

图像合成是指选取多张图像的部分图像，将其合成为一张图像，从而制作出具有艺术性的图像效果。通过Photoshop的蒙版、通道和调色等功能，可以更好地处理图像细节。图1-7所示为Photoshop在图像合成中的应用。

图1-7　Photoshop在图像合成中的应用

4. 包装设计

包装设计是指为商品的包装进行美化设计，反映出商品的特色，以吸引消费者的注意力。Photoshop除了能够设计包装的平面图，还能制作出包装的立体效果图。图1-8所示为Photoshop在包装设计中的应用。

图1-8　Photoshop在包装设计中的应用

5. 界面设计

界面设计是指对软件的人机交互、操作逻辑、界面进行的整体设计，较为注重用户体验感。使用Photoshop能够规划界面的各组成部分，对各个界面进行排版、设计，以达到理想的效果。图1-9所示为Photoshop在界面设计中的应用。

图1-9　Photoshop在界面设计中的应用

1.2.2 认识 Photoshop CS6 的工作界面

启动Photoshop CS6后将进入其工作界面，如图1-10所示。

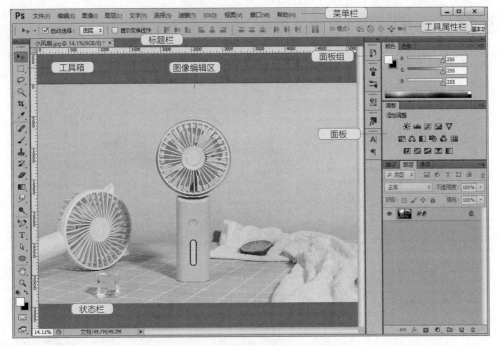

图1-10 Photoshop CS6 的工作界面

> ⏰ 提示
>
> Photoshop CS6的工作界面默认为深色背景，若用户需要调整，则可以按【Alt+F2】组合键提高工作界面的亮度；按【Alt+F1】组合键降低工作界面的亮度。

1. 菜单栏

菜单栏包含图像处理中会用到的所有命令，从左至右依次为"文件""编辑""图像""图层""文字""选择""滤镜""3D""视图""窗口""帮助"共11个菜单。每个菜单下又包含了多个命令，可以直接打开相应的菜单选择要执行的命令。若某些命令呈灰色显示，则表示没有激活，或当前不可用。另外，菜单栏最右侧还有3个按钮，单击 ▬ 按钮可最小化工作界面；单击 ▢ 按钮可最大化或恢复工作界面；单击 ✕ 按钮可关闭工作界面。

- "文件"菜单：该菜单包含新建、打开和存储文件等针对文件的命令。
- "编辑"菜单：该菜单包含还原、剪切、填充和描边等编辑图像的命令。
- "图像"菜单：该菜单包含改变图像模式、色调和大小等针对图像的命令。
- "图层"菜单：该菜单包含新建图层、复制图层和智能对象等针对图层的命令。
- "文字"菜单：该菜单包含消除锯齿和创建工作路径等针对文字的命令。
- "选择"菜单：该菜单包含反向、色彩范围和扩大选取等针对选区的命令。
- "滤镜"菜单：该菜单包含智能滤镜和滤镜库等多种滤镜效果，以对图像进行处理。

- "3D"菜单：该菜单包含新建3D图层和编辑3D属性等针对3D图形的命令。
- "视图"菜单：该菜单包含设置视图显示内容和缩放视图等针对视图的命令。
- "窗口"菜单：该菜单包含排列和工作区等命令，用于调整工作界面的显示效果。
- "帮助"菜单：该菜单提供有关Photoshop CS6的各种帮助信息和技术支持。

2. 工具箱

工具箱包含用于处理图像的工具，可以进行多种操作。工具右下角的黑色小三角标记表示该工具位于一个工具组中，在该工具上按住鼠标左键不放或单击鼠标右键，可显示该工具组中隐藏的其他工具。图1-11所示为工具箱中的所有工具。

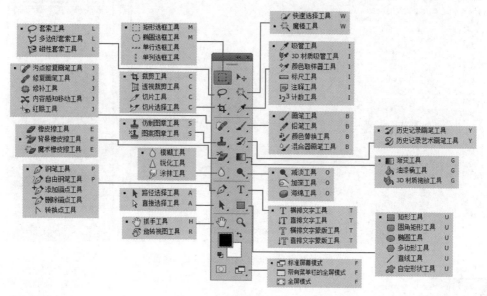

图1-11 工具箱中的所有工具

🔔 **提示**

工具箱默认位于工作界面的左侧，拖曳其顶部的▥▥图标可以将其移动到工作界面的任意位置，图像编辑区和面板也可通过该方法移动。另外，单击工具箱最上方的◀◀按钮可以以紧凑形式排列其中的工具。

---

3. 工具属性栏

工具属性栏默认位于菜单栏下方，用于设置当前所选工具的属性或参数。不同工具的工具属性栏不同。图1-12所示为"矩形工具"▢的工具属性栏。

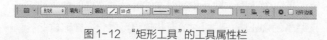

图1-12 "矩形工具"的工具属性栏

4. 标题栏和图像编辑区

标题栏主要用于显示当前文件的名称、格式、窗口缩放比例和颜色模式等信息。图像编辑区是对图像进行浏览和编辑操作的主要场所。打开多个图像文件时，标题栏下方的图像编辑区中只会显示当前图像文件的图像效果，单击标题栏中的文件名称可切换为相应的图像文件。

△ 提示

在Photoshop CS6中打开多个图像文件时，将默认以选项卡的形式显示，选择【窗口】/【排列】命令中的子命令，可以以对应的排列方式排列，如全部垂直拼贴、全部水平拼贴等，以便处理图像。

5．面板组和面板

在Photoshop CS6中，面板是工作界面中非常重要的组成部分，用户可以通过它进行选择颜色、编辑图层、编辑路径、新建通道等操作。除了工作界面右侧的面板以及面板组外，还可以单击"窗口"菜单，显示所有面板的名称，然后执行打开或关闭相应面板的操作，如图1-13所示。

6．状态栏

状态栏位于图像编辑区的底部，可显示当前图像缩放比例、当前图像文件的大小或尺寸等。单击图像缩放比例所在的数值框，在其中输入数值后，按【Enter】键可改变比例；单击最右侧的▶按钮，在打开的下拉列表中选择对应的选项，可在该按钮的左侧区域显示相应的图像文件信息。

图1-13　打开或关闭面板的菜单

1.2.3　标尺、参考线和网格的运用

Photoshop CS6中提供了多个辅助用户处理图像的工具，如标尺、参考线和网格等。用户灵活运用它们不仅可以更加精确地处理图像，还能有效提高工作效率。

1．认识标尺、参考线和网格

在Photoshop CS6中使用标尺、参考线和网格的效果如图1-14所示。

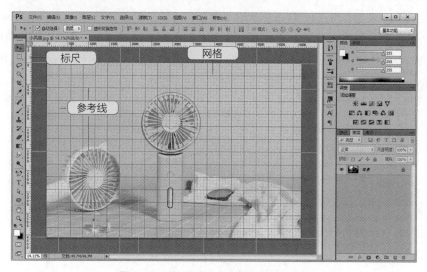

图1-14　使用标尺、参考线和网格的效果

● 标尺：标尺一般位于图像编辑区的上方和左侧，用于显示图像的宽度和高度。选择【视图】/【标尺】命令或按【Ctrl+R】组合键，可显示或隐藏标尺。

🔔 **提示**

要修改标尺的单位，可选择【编辑】/【首选项】/【单位与标尺】命令，在打开的"首选项"对话框中进行，或直接在标尺上方单击鼠标右键，在弹出的快捷菜单中进行。

● 参考线：参考线是浮动在图像上方的直线，默认显示为青色，在处理图像时可作为参照。在标尺上按住鼠标左键不放，向下或向右拖曳鼠标至适当位置，释放鼠标左键便可在该位置创建水平参考线或垂直参考线；也可选择【视图】/【新建参考线】命令，打开"新建参考线"对话框，如图1-15所示。在其中可设置参考线的取向和位置。

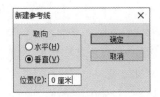

图1-15 "新建参考线"对话框

🔗 **资源链接**

参考线的基本操作包括移动参考线、锁定参考线和清除参考线，具体操作方法可通过扫描右侧的二维码查看。

扫码看详情

● 网格：使用网格可以在图像编辑区中将图像划分为多个方格，以便精确定位图像或元素的位置。选择【视图】/【显示】/【网格】命令或按【Ctrl+'】组合键可显示或隐藏网格。

另外，Photoshop CS6中还存在一种特殊的参考线——智能参考线，可以帮助对齐形状、切片和选区。选择【视图】/【显示】/【智能参考线】命令，可开启智能参考线。当用户进行绘制形状、创建选区等操作时，智能参考线会自动出现，其默认显示为洋红色。

2. 设置参考线和网格

在处理图像时，若图像颜色与参考线或网格等的颜色类似，不便区分，则可选择【编辑】/【首选项】/【参考线、网格和切片】命令，在打开的"首选项"对话框中设置参考线的颜色和样式，智能参考线的颜色，以及网格的颜色、网格线间隔、样式和子网格数量，从而更好地帮助用户处理图像，如图1-16所示。

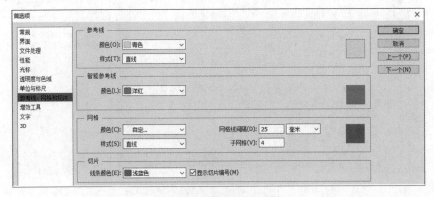

图1-16 设置参考线和网格

文件的基本操作

文件的基本操作是每次使用Photoshop处理图像时都会用到的操作，主要包括新建、打开、置入、保存和关闭文件等操作。

1.3.1　新建和打开文件

使用Photoshop CS6处理图像时，要先新建一个空白文件或打开文件，然后进行操作。

1. 新建文件

选择【文件】/【新建】命令或按【Ctrl+N】组合键，打开"新建"对话框，如图1-17所示。设置好相应的参数后，单击 确定 按钮即可新建空白文件。该对话框中各参数的作用如下。

- "名称"文本框：用于设置新建文件的名称。
- "预设"下拉列表框：用于选择新建文件的预定义设置，可选择美国标准纸张、国际标准纸张等预设的选项。

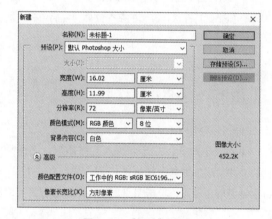

图1-17　"新建"对话框

- "大小"下拉列表框：选择预设的选项后，该下拉列表框将会被激活，用于选择文件的大小。
- "宽度"/"高度"数值框：用于设置新建文件的宽度和高度，在其右侧的下拉列表框中可选择度量单位。
- "分辨率"文本框：用于设置新建文件的分辨率，在其右侧的下拉列表框中可选择单位。
- "颜色模式"下拉列表框：用于设置新建文件的颜色模式，在其右侧的下拉列表框中可选择1位、8位、16位或32位最大颜色数量。
- "背景内容"下拉列表框：用于选择新建文件的背景颜色，可选择白色、背景色或透明等选项。
- "高级"栏：单击"高级"左侧的 按钮，可展开"高级"栏，在其中设置新建文件的颜色配置文件和像素长宽比；再次单击 按钮，可闭合"高级"栏。

2. 打开文件

使用Photoshop CS6打开文件有以下4种方法。

- 通过拖曳：打开Photoshop CS6之后，在计算机中选择需要打开的文件，按住鼠标左键不放并将其拖曳到Photoshop CS6的工作界面中，或直接将其拖曳至计算机桌面的Photoshop CS6图标上，然后释放鼠标左键。
- 通过快捷菜单：在计算机中选择需要打开的文件，单击鼠标右键，在弹出的快捷菜单中选择【打开方式】/【Adobe Photoshop CS6】命令。若需要打开的文件为PSD格式，则可直接在该文件上双击鼠标左键。

● 通过菜单命令：打开Photoshop CS6之后，选择【文件】/【打开】命令或按【Ctrl+O】组合键，在打开的"打开"对话框中选择需要打开的文件，然后单击 打开(0) 按钮。

● 通过最近使用过的文件：若需要打开的文件是最近使用过的文件，则在打开Photoshop CS6之后，选择【文件】/【最近打开文件】命令，此时会显示最近打开过的10个文件，从中选择需要打开的文件即可。

疑难
解答

需要同时打开多个文件时，该怎么操作？

通过拖曳打开文件时，可直接选择多个文件后，将其拖曳到 Photoshop CS6 的工作界面或软件图标上；通过菜单命令打开文件时，可按住【Ctrl】键选择不连续的多个文件，或按住【Shift】键选择连续的多个文件，然后单击 打开(0) 按钮。

1.3.2 置入文件

置入文件可以将Photoshop CS6支持的任何文件作为智能对象添加到文件中。打开文件后，选择【文件】/【置入】命令，打开"置入"对话框，选择需要置入的文件，然后单击 置入(P) 按钮，置入的文件将自动放置在图像编辑区的中间位置，如图1-18所示。此时单击工具属性栏中的 ✔ 按钮或按【Enter】键可确定置入，单击工具属性栏中的 ⊘ 按钮可取消置入。

图1-18　置入文件

🔗 资源链接

置入的文件将默认保存为智能对象，用户可以对其进行缩放、定位、斜切、旋转和变形等操作，并且不会降低图像的质量。智能对象的相关知识可扫描右侧的二维码查看。

扫码看详情

1.3.3 保存和关闭文件

在使用Photoshop CS6处理完图像后，需要将文件保存为适当的格式并关闭。

1. 保存文件

选择【文件】/【存储为】命令或按【Shift+Ctrl+S】组合键，可打开"存储为"对话框，如图1-19所示。该对话框中各选项的作用如下。

图1-19 "存储为"对话框

- "保存在"下拉列表框：用于设置文件的保存位置。
- "文件名"下拉列表框：用于设置文件的名称。
- "格式"下拉列表框：用于设置文件的保存格式。
- "作为副本"复选框：勾选该复选框，可为文件另外保存一个副本文件。
- "注释"/"Alpha通道"/"专色"/"图层"复选框：勾选相应复选框，可保存与复选框对应的对象文件。
- "使用校样设置"复选框：勾选该复选框，可保存打印用的校样设置。只有将文件保存为EPS或PDF格式时，该复选框才会被激活。
- "ICC配置文件"复选框：勾选该复选框，可保存嵌入文件中的ICC配置文件。
- "缩览图"复选框：勾选该复选框，可存储文件的缩览图数据。
- "使用小写扩展名"复选框：勾选该复选框，可将文件的扩展名变为小写。

需要注意的是，在Photoshop CS6中首次存储文件都将打开"存储为"对话框。而在保存已存储过的文件时，可选择【文件】/【存储】命令或按【Ctrl+S】组合键覆盖原始的文件数据，或再次按【Shift+Ctrl+S】组合键将该文件以其他的保存位置、文件名和格式等存储。

> 🔔 **提示**
>
> 在使用Photoshop CS6处理图像时，为了避免软件闪退等原因造成文件数据丢失的情况，应养成常按【Ctrl+S】组合键保存文件的良好习惯。

2. 关闭文件

若打开文件过多，则可关闭不需要的文件以节省计算机内存。在Photoshop CS6中关闭文件的情况有以下两种。

- 关闭当前文件：选择【文件】/【关闭】命令或按【Ctrl+W】组合键，或按【Ctrl+F4】组合键，或直接单击该文件标题栏右侧的✖按钮，都可关闭当前文件。
- 关闭所有文件：选择【文件】/【关闭全部】命令或按【Alt+Ctrl+W】组合键，可关闭所有打开的文件。

1.4 图像的基本操作

掌握文件的基本操作后，接下来学习图像的基本操作，如调整图像和画布大小、裁剪和变换图像等，从而制作一些简单的图像处理作品。

1.4.1 课堂案例——排版美食菜单内页

案例说明：川菜是我国传统的四大菜系之一。某川菜馆即将开业，打算推出多种组合套餐供消费者选择，为此需要制作套餐类的菜单，要求体现每个组合套餐包含的菜品和价格等信息，并展示出相应菜品的图像，菜单尺寸为210毫米×297毫米，参考效果如图1-20所示。

知识要点：新建文件、新建参考线、置入文件、打开文件、裁剪图像、变换图像。

素材位置：素材\第1章\美食菜单

效果位置：效果\第1章\美食菜单内页.psd

高清彩图

图1-20 美食菜单内页效果

具体操作步骤如下。

STEP 01 启动Photoshop CS6，按【Ctrl+N】组合键打开"新建文件"对话框，设置名称为"美食菜单内页"，大小为"210毫米×297毫米"，颜色模式为"CMYK颜色"，分辨率为"72像素/英寸"，然后单击 确定 按钮。

STEP 02 将素材文件夹中的"背景.jpg"素材拖曳至图像编辑区，然后将鼠标指针移至变换框右上角，当鼠标指针变为形状时，在按住【Shift】键的同时按住鼠标左键不放并向右上方拖曳鼠标，使图像等比例放大，如图1-21所示。适当调整大小后，按【Enter】键完成置入。

视频教学：课堂案例——排版美食菜单内页

STEP 03 在工具箱中选择"移动工具"，在图像编辑区按住鼠标左键不放并拖曳鼠标，调整背景图像的位置。若背景图像偏大或偏小，则按【Ctrl+T】组合键进入自由变换状态，然后再次进行缩放操作。

STEP 04 按【Ctrl+O】组合键打开"打开"对话框，选择"回锅肉.png"素材，然后单击 打开(O) 按钮。为了保证美食画册的美观度，需要将所有美食图片裁剪为1∶1的比例。选择"裁剪工具"，在工具属性栏的"裁剪模式"下拉列表框中选择"1∶1（方形）"选项，调整裁剪框的位置，然后按【Enter】键完成裁剪。

STEP 05 选择"移动工具"，在裁剪好的图像上按住鼠标左键不放并将其拖曳至"美食画册内页"文件的标题栏上，切换到"美食画册内页"文件后，继续拖曳鼠标至图像编辑区，然后释放鼠标左键，将其添加到文件中。

STEP 06 选择美食图像，按【Ctrl+T】组合键进入自由变换状态，将鼠标指针移至变换框右上角，当鼠标指针变为 ↙ 形状时，按住【Shift】键的同时按住鼠标左键不放并向左下方拖曳鼠标，使图像等比例缩小，放置于图1-22所示位置。

STEP 07 按【Ctrl+R】组合键打开标尺，将鼠标指针移至图像编辑区顶部的标尺处，然后按住鼠标左键不放并拖曳鼠标至美食图像的顶部位置，以创建参考线，使后续的图像与其对齐排列。使用相同的方法在该图像左侧也创建参考线，如图1-23所示。

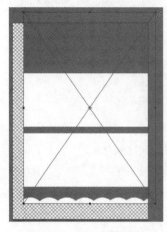
图1-21 置入背景图像

图1-22 放置图像

图1-23 创建参考线

STEP 08 使用与步骤04~步骤07相同的方法打开其他美食图像并进行裁剪操作，分别将其放置在画册中并进行变换操作，使其符合实际需求，然后选择【视图】/【清除参考线】命令清除参考线，效果如图1-24所示。

STEP 09 置入"文字01.png"素材，将鼠标指针移至图像右上角外侧，当鼠标指针变为 ↰ 形状时，按住鼠标左键不放并拖曳鼠标，使其旋转到一定角度，然后按【Enter】键完成置入。使用相同的方法置入并旋转"文字02.png"素材，效果如图1-25所示。

STEP 10 置入"文字03.png""文字04.png"素材，适当调整其大小和位置，最终效果如图1-26所示。然后按【Ctrl+S】组合键保存文件。

图1-24 效果展示（1）

图1-25 效果展示（2）

图1-26 最终效果

1.4.2 调整图像和画布大小

图像的大小关乎文件的大小和清晰度。在使用Photoshop CS6处理图像时，可根据具体需要调整图像和画布大小。

1. 调整图像大小

图像大小主要由宽度、高度和分辨率决定。要调整图像大小，可选择【图像】/【图像大小】命令或按【Alt+Ctrl+I】组合键，打开"图像大小"对话框，如图1-27所示。该对话框中各选项的作用如下。

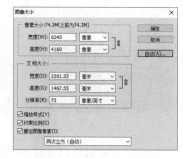

图1-27 "图像大小"对话框

- "宽度"/"高度"数值框："像素大小"栏和"文档大小"栏中都有这两个数值框，用于设置图像的宽度和高度。
- "分辨率"数值框：用于设置图像的分辨率。
- "缩放样式"复选框：勾选该复选框，图像中的图层样式等可按相同比例缩放。
- "约束比例"复选框：勾选该复选框，图像宽度和高度的比例将保持不变。
- "重定图像像素"复选框：勾选该复选框，可改变像素的大小。在其下方的下拉列表框中可选择重定图像像素的计算方法。

2. 调整画布大小

画布大小指的是图像编辑区的大小。因此，也可通过调整画布大小来调整图像大小。选择【图像】/【画布大小】命令或按【Alt+Ctrl+C】组合键，打开"画布大小"对话框，如图1-28所示。在其中，可通过调整参数来改变画布大小。该对话框中各选项的作用如下。

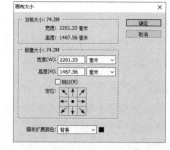

图1-28 "画布大小"对话框

- "当前大小"栏：用于显示当前画布的实际大小。
- "新建大小"栏：其中的"宽度"/"高度"数值框用于设置画布的宽度和高度；勾选"相对"复选框，

"新建大小"栏中的"宽度"/"高度"将在原画布的基础上等比例增大或减小；"定位"选项用于指示新增大的或减小的画布大小的生效位置。

- "画布扩展颜色"下拉列表框：单击右侧的 图标，在打开的下拉列表框中可选择增大画布时填充新画布的颜色选项，默认使用背景色。

1.4.3 裁剪和变换图像

在处理图像的过程中，除了需要进行调整图像大小的操作之外，还经常需要进行裁剪图像中多余的部分、灵活改变图像的形状等操作。

1. 裁剪图像

如果只需要使用图像的部分区域，就应对图像进行裁剪处理。通常使用"裁剪工具" 进行操作，其操作方法为：选择"裁剪工具" 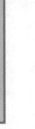，在图像编辑区中按住鼠标左键不放并拖曳鼠标绘制矩形裁剪框，矩形裁剪框内部显示的图像即为裁剪后的图像。将鼠标指针移至矩形裁剪框的边缘，当鼠标指针变为 形状时，按住鼠标左键不放并拖曳鼠标可缩放裁剪框，如图1-29所示；将鼠标指针移至矩形裁剪框的周围，当鼠标指针变为 形状时，按住鼠标左键不放并拖曳鼠标可旋转裁剪框，如图1-30所示。最后双击矩形内部的区域或按【Enter】键完成裁剪操作。

图1-29　缩放裁剪框　　　　　　　　　图1-30　旋转裁剪框

图1-31所示为"裁剪工具" 的工具属性栏，在其中可调整裁剪比例、视图等参数。

图1-31　"裁剪工具"的工具属性栏

- "不受约束"下拉列表框：在该下拉列表框中可选择裁剪的预设长宽比和裁剪尺寸选项；选择"不受约束"选项可任意进行裁剪；也可在该下拉列表框右侧的数值框中输入约束比例数值进行裁剪。
- "纵向与横向旋转裁剪框"按钮 ：设置长宽比数值后，单击该按钮可清除设置好的长宽比数值。
- "拉直"按钮：单击该按钮，图像编辑区中会出现一条直线，可用于拉直图像。
- "视图"下拉列表框：在该下拉列表框中可设置裁剪框内的线条显示，如"网格""黄金比例"等。
- "设置其他裁切选项"按钮 ：单击该按钮，在弹出的下拉列表框中可设置如"使用经典模式""启用裁剪屏蔽"等选项。
- "删除裁剪的像素"复选框：取消勾选该复选框，将保留并隐藏裁剪框外的图像。

2. 变换图像

当图像的形状不符合制作需求时，需要对其进行变换操作。Photoshop CS6中主要有以下几个变换图像的相关命令。

- "变换"命令：选择图像后，选择【编辑】/【变换】命令，弹出的子菜单中包含缩放、旋转、斜切、扭曲、透视、变形和翻转等命令。选择相应命令后，图像的周围会显示变换框，拖曳变换框四周的控制点可进行相应的变换操作。图1-32所示为拖曳变换框右上角的控制点缩放图像的操作。
- "自由变换"命令：选择图像后，选择【编辑】/【自由变换】命令或按【Ctrl+T】组合键，图像将进入自由变换状态，图像的周围同样会显示变换框，缩放与旋转等操作与在裁剪框内的操作相同，按住【Ctrl】键不放拖曳控制点可扭曲图像；按住【Ctrl+Shift】组合键不放拖曳控制点可斜切图像。

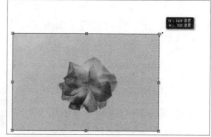

图 1-32　通过变换框缩放图像

🔔 **提示**

　　当图像进入自由变换状态时，单击鼠标右键弹出的快捷菜单中的命令与选择【编辑】/【变换】命令弹出的子菜单中的命令基本相同。

- "操控变形"命令：选择图像后，选择【编辑】/【操控变形】命令，图像中将显示网格，在图像上单击鼠标左键可添加控制变形的"图钉"◉，移动"图钉"◉的位置即可变形图像。
- "内容识别比例"命令：选择图像后，选择【编辑】/【内容识别比例】命令或按【Alt+Shift+Ctrl+C】组合键，拖曳图像周围的控制点可缩放图像，且Photoshop CS6将自动使图像中的重要内容区域保持不变，如图1-33所示。

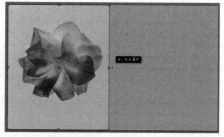

图 1-33　使用"内容识别比例"命令变换图像

1.5
课堂实训

1.5.1　排版海岛旅游图册内页

1. 实训背景

　　某旅行社即将推出新海岛旅游路线，为了让前来了解的顾客更加直观地查看相关信息，该旅行社准备制作一个旅游图册，要求在内页中添加提供的风景图像，且排版简洁、美观大方。

2. 实训思路

（1）尺寸选择。一般图册的尺寸有285毫米×285毫米、210毫米×285毫米、285毫米×210毫米、250毫米×250毫米和370毫米×250毫米等几种。为了便于图片展示以及保证整体的美观度，在新建文件时，可设置图册的尺寸为285毫米×210毫米。

（2）排版设计。旅游图册以图像为主，可将图像裁剪为不同比例，创建参考线使其规范排列，再配以相关的文字，使画面和谐、完整。

本实训完成后的参考效果如图1-34所示。

图1-34 完成后的参考效果

高清彩图

素材所在位置： 素材\第1章\海岛风景图册

效果所在位置： 效果\第1章\海岛风景图册内页.psd

3. 步骤提示

视频教学：
排版海岛风景图
册内页

STEP 01 新建大小为 "285毫米×210毫米"、分辨率为 "72像素/英寸"、颜色模式为 "CMYK颜色"、名称为 "海岛风景图册内页" 的文件。

STEP 02 打开 "海岛01.png" 素材，使用 "裁剪工具" 🔲 将图像裁剪为1∶2的大小，然后将其移至 "海岛风景图册内页" 文件中，适当调整大小，将其放置于图册内页的左上角。再围绕该图像新建水平和垂直参考线，以便调整后续图像的位置。

STEP 03 打开 "海岛02.jpg" 素材，将其裁剪为2∶1的大小，然后移至 "海岛风景图册内页" 文件中，适当调整大小，使其上端与 "海岛01" 图像的上端对齐。

STEP 04 使用相同的方法将 "海岛03.png" "海岛04.png" 素材裁剪为1∶1的大小，将 "海岛05.png" 素材裁剪为3∶2的大小，然后移至 "海岛风景图册内页" 文件中，适当调整大小和位置。

STEP 05 置入 "文字01.png" "文字02.png" 文件，适当调整大小和位置。完成后查看最终效果，并按【Ctrl+S】组合键保存文件。

1.5.2 制作人物寸照

1. 实训背景

小林准备报名参加比赛，需要上传一张1寸的正面电子照片，要求图像文件小于50KB（Kilobyte，千字节），因此需要对之前拍摄的照片大小进行调整，使其符合上传要求。

2. 实训思路

（1）了解尺寸。常用的寸照有1寸、2寸、5寸和6寸等，1寸照片的尺寸为3.6厘米×2.7厘米；2寸照片的尺寸为3.5厘米×5.3厘米；5寸照片的尺寸为12.7厘米×8.9厘米；6寸照片的尺寸为15.2厘米×10.2厘米。因此，本实训需要将图像裁剪为4：3的大小。

（2）调整图像文件大小。由于拍摄的原图尺寸过大，所以保存的图像文件也会较大，此时可通过"图像大小"命令来改变图像大小，降低所占内存，使其符合上传要求。

本实训制作前后的对比效果如图1-35所示。

高清彩图

图1-35　制作前后的对比效果

素材所在位置：素材\第1章\照片.jpg
效果所在位置：效果\第1章\寸照.jpg

3. 步骤提示

STEP 01 打开"照片.jpg"文件，选择"裁剪工具"🔲，设置裁剪比例为"4×3"，然后裁剪图像。

STEP 02 选择【图像】/【图像大小】命令，设置图像的宽度和高度分别为"2.7厘米""3.6厘米"。

STEP 03 完成后查看最终效果，并按【Ctrl+S】组合键将照片保存为JPG格式。

视频教学：
制作人物寸照

1.6
课后练习

练习 1　调整淘宝主图大小

某家具网店拍摄了一组产品照片，需要上传到淘宝网作为商品主图。而淘宝网规定的主图尺寸为800像素×800像素，图像文件大小不能超过500KB，因此需要按相关规定调整拍摄的商品图片大小。本练习调整前后的对比效果如图1-36所示。

素材所在位置：素材\第1章\商品图片.jpg
效果所在位置：效果\第1章\淘宝主图.jpg

高清彩图

图 1-36　调整前后的对比效果

练习 2　排版新品展示图

　　某服装网店即将上新一批连衣裙，需要制作新品展示图，要求展现出新品的穿着效果，且添加跳转链接的标签图标。制作时可裁剪图像使其在视觉效果上统一并利用参考线使图像对齐显示，新品展示图如图1-37所示。

素材所在位置：素材\第1章\新品服装\
效果所在位置：效果\第1章\新品展示图.psd

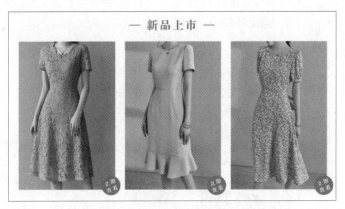

高清彩图

图 1-37　新品展示图

第 **2** 章

创建与编辑选区

在Photoshop CS6中，创建与编辑选区是处理图像的基础，也是处理图像的重要操作之一。创建选区后，只能调整选区内的图像，选区外的图像不会受到影响。因此，通过创建与编辑选区可以限定操作范围，实现抠取图像等操作，从而制作出效果精美的图像。

📖 学习目标
  ◎ 掌握创建选区的方法
  ◎ 掌握编辑选区的方法

✧ 素养目标
  ◎ 提升抠取图像的应用能力
  ◎ 培养包装设计、合成图像的兴趣

◈ 案例展示

立体包装效果

原汁机主图

宠物用品活动海报

2.1 创建选区

选区既可以是规则形状的区域，也可以是不规则形状的区域，但区域只能是封闭的。在Photoshop CS6中，可以使用工具或命令来创建选区。创建选区时，选区周围会出现一个边框，可以移动、复制和删除选区内的像素。

2.1.1 课堂案例——制作立体包装效果

案例说明：某公司推出了一款苹果醋饮料，目前已经设计好该商品的平面包装图。为了更加直观地预览产品包装的效果，需要模拟该产品包装的立体效果图，以便充分展示设计效果，参考效果如图2-1所示。

知识要点：使用矩形选框工具创建选区；扭曲图像。

素材位置：素材\第2章\平面包装.psd、立体包装.psd

效果位置：效果\第2章\立体包装效果.psd

高清彩图

图2-1 立体包装效果

具体操作步骤如下。

STEP 01 打开"平面包装.psd"文件，选择"矩形选框工具"，将鼠标指针移至正面包装图左上角的参考线交点处，按住鼠标左键不放并拖曳鼠标至对角线的交点处，绘制图2-2所示矩形选区。

STEP 02 打开"立体包装.psd"文件，切换到"平面包装.psd"文件，使用"移动工具"将在"平面包装.psd"文件中创建的选区拖曳至"立体包装.psd"文件中。

STEP 03 选择【编辑】/【变换】/【扭曲】命令，分别将图像变换框4个角上的控制点拖曳至立体包装正面的浅灰色矩形的4个角上，如图2-3所示。

视频教学：
课堂案例——制作立体包装效果

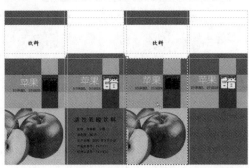
图2-2 创建选区

图2-3 扭曲图像

23

STEP 04 切换到"平面包装图"图像文件，按【Ctrl+D】组合键取消选区，然后使用与步骤01相同的方法移动其他区域的图像至"立体包装"文件中，如图2-4所示。再使用"扭曲"命令将图像与对应的矩形重合，完成后查看最终效果，如图2-5所示。按【Ctrl+S】组合键保存文件。

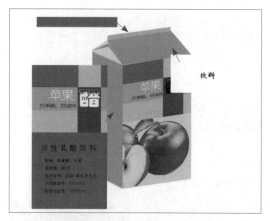

图2-4　创建并复制其他选区　　　　　　图2-5　最终效果

2.1.2　使用选框工具组

使用选框工具组可创建规则形状的选区。将鼠标指针移至工具箱中的"矩形选框工具" 上方，按住鼠标左键不放或单击鼠标右键可打开选框工具组，选择相应的工具创建选区。

1. 矩形选框工具

使用"矩形选框工具" 可以创建矩形选区。选择该工具后，在图像编辑区中按住鼠标左键不放并拖曳鼠标可创建任意大小的矩形选区，如图2-6所示。按住【Shift】键不放并拖曳鼠标可创建正方形选区，如图2-7所示；按住【Alt】键不放并拖曳鼠标会以当前鼠标指针所在位置为中心创建矩形选区。

图2-6　创建矩形选区　　　　　　图2-7　创建正方形选区

"矩形选框工具" 的工具属性栏如图2-8所示，其他工具的工具属性栏中的参数与其基本一致。

图2-8　"矩形选框工具"的工具属性栏

- "新选区"按钮 ：单击该按钮，在图像编辑区中创建的选区都将是新选区，即若之前已存在选区，则创建的新选区将替代原有选区。
- "添加到选区"按钮 ：单击该按钮，鼠标指针将变为 形状，此时在图像编辑区中可以同时创建多个选区，不同的选区可以合并为一个区域，如图2-9所示。在按住【Shift】键不放的同时创建选区可达到同样的效果。

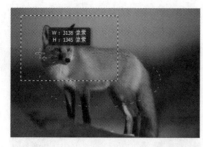

图2-9 添加到选区

● "从选区减去"按钮：单击该按钮，鼠标指针将变为 形状，此时在图像编辑区中创建的选区若与第一个创建的选区有重合区域，则该区域将从第一个选区减去，如图2-10所示。在按住【Alt】键不放的同时创建选区可达到同样的效果。

图2-10 从选区减去

● "与选区交叉"按钮：单击该按钮，鼠标指针将变为 形状，此时在图像编辑区中创建的选区若与第一个创建的选区有重合区域，则只有该区域被保留，如图2-11所示。

图2-11 与选区重合

● "羽化"数值框：用于设置选区边缘的柔化程度。其数值范围为0~255，该值越大，柔化程度越高；反之越低。
● "样式"下拉列表框：在该下拉列表框中可选择矩形选区的创建方法。选择"正常"选项可创建任意大小的矩形选区；选择"固定比例"或"固定大小"选项可激活"宽度"和"高度"数值框，在其中可设置具体的比例或大小。
● 调整边缘... 按钮：单击该按钮，可在打开的"调整边缘"对话框中设置选区边缘的半径、对比度和羽化程度等参数。

2. 椭圆选框工具

使用"椭圆选框工具" ○可以创建椭圆形选区。选择该工具后，在图像编辑区中按住鼠标左键不放并拖曳鼠标可创建任意大小的椭圆选区，如图2-12所示。按住【Shift】键不放并拖曳鼠标可创建正圆选区，如图2-13所示；按住【Alt】键不放并拖曳鼠标会以按住鼠标左键时所在的位置为中心创建椭圆形选区。

图2-12　创建椭圆选区　　　　　　　　图2-13　创建正圆选区

椭圆选框工具的工具属性栏比矩形选框工具多一个"消除锯齿"复选框，勾选该复选框，可消除选区的锯齿边缘。

3. 单行/单列选框工具

使用"单行选框工具" ═══ 和"单列选框工具" ▮可以创建高度或宽度为1像素的选区。在处理图像时，这两种工具常用于制作分割线、平行线和网格线。选择相应工具后，在需要创建选区的位置单击鼠标左键即可创建选区。图2-14所示为创建单行选区；图2-15所示为创建单列选区。

图2-14　创建单行选区　　　　　　　　图2-15　创建单列选区

2.1.3　使用套索工具组

使用套索工具组可以创建不规则选区。将鼠标指针移至"套索工具" ○上方，按住鼠标左键不放或单击鼠标右键可打开套索工具组，选择相应的工具创建选区。

1. 套索工具

使用"套索工具" ○可以创建不规则选区，常用于对选区边缘精度要求不高的情况。选择"套索工具" ○后，在图像编辑区中按住鼠标左键不放并拖曳鼠标绘制线条，释放鼠标左键后所绘制的线条将自动闭合为选区，如图2-16所示。

"套索工具" ○的工具属性栏与选框工具组内工具的工具属性栏功能基本相同，这里不再赘述。

图2-16　使用"套索工具"创建选区

2. 多边形套索工具

使用"多边形套索工具" ![]可以创建边界为直线的不规则选区，常用于选取较为规则的图像。选择"多边形套索工具" ![]后，在图像编辑区中单击鼠标左键以创建选区的起始点，然后将鼠标指针移至多边形的转折处，再单击鼠标左键以作为多边形的顶点，如图2-17所示。使用相同的方法继续添加顶点，直到将鼠标指针移至起始点位置，此时鼠标指针变为 ![]形状，单击鼠标左键即可创建选区，如图2-18所示。

图2-17　添加顶点　　　　　　　　图2-18　创建选区

🔔 **提示**

使用"多边形套索工具" ![]创建选区时，在按住【Shift】键的同时移动鼠标指针可绘制角度为45°倍数的线段。

3. 磁性套索工具

使用"磁性套索工具" ![]可以创建不规则选区，常用于背景对比强烈且边缘复杂的情况。选择"磁性套索工具" ![]后，在图像编辑区中单击鼠标左键以创建选区的起始点，然后沿着需要选择的区域拖曳鼠标，Photoshop将捕捉对比度较大的边缘，并自动添加节点，如图2-19所示；当将鼠标指针移至起始点位置时，鼠标指针变为 ![]形状，如图2-20所示；单击鼠标左键即可创建选区，如图2-21所示。

🔔 **提示**

使用"多边形套索工具" ![]和"磁性套索工具" ![]创建选区时，按【Delete】键或【Backspace】键可删除最新创建的选区线段或节点，然后从删除位置继续绘制选区线段或添加节点。

图2-19　添加节点

图2-20　移至起始点位置

图2-21　创建选区

"磁性套索工具" 的工具属性栏如图2-22所示。

图2-22　"磁性套索工具"的工具属性栏

- "宽度"数值框：设置参数后，在创建选区时将只检测从鼠标指针开始指定宽度以内的边缘。

🔔 **提示**

　　选择"磁性套索工具" ，按【Caps Lock】键可更改鼠标指针的样式，使其指明检测宽度；按【[】键可减小1像素宽度；按【]】键可增大1像素宽度。

- "对比度"数值框：用于设置该工具对于图像边缘的灵敏度，数值范围为1%～100%。若选取的图像与周围的颜色对比度较强，就需要设置较高的数值；反之只需设置较低的数值。
- "频率"数值框：用于设置该工具创建节点的频率，数值范围为0～100。该数值越高，创建的节点越多；反之越少。
- "使用绘图板压力并更改钢笔宽度"按钮：电脑接入绘图板和压感笔时，单击该按钮，此功能可用。压感笔压力越强，该工具检测边缘的宽度越窄。

2.1.4　课堂案例——制作原汁机主图

　　案例说明：鲜可厨房即将上架一款原汁机，需要为该产品制作主图上传到淘宝网。要求在主图中展现出该产品的卖点与优势，并添加作为装饰的水果，在表现产品功能的同时，使画面更加美观，参考效果如图2-23所示。

　　知识要点：使用快速选择工具和魔棒工具创建选区。

　　素材位置：素材\第2章\原汁机

　　效果位置：效果\第2章\原汁机主图.psd

高清彩图

图2-23　原汁机主图

具体操作步骤如下。

STEP 01 新建大小为"800像素×800像素"、分辨率为"72像素/英寸"、颜色模式为"RGB颜色"、名称为"原汁机主图"的文件。

STEP 02 置入"原汁机背景.jpg"素材，适当调整大小和位置，以作为主图的背景。

视频教学：
课堂案例——制作原汁机主图

STEP 03 打开"原汁机.png"素材文件，选择"快速选择工具"，在工具属性栏中单击"添加到选区"按钮，设置画笔大小为"20像素"，然后在图像编辑区中原汁机的区域按住鼠标左键不放并拖曳鼠标创建选区，如图2-24所示。

STEP 04 原汁机有部分区域未被直接选中，此时可在按住【Alt】键的同时向上滑动鼠标滚轮，放大画面，然后继续创建选区直至完成，如图2-25所示。

STEP 05 使用"移动工具"将选区内的原汁机图像拖曳至"原汁机主图"文件中，按【Ctrl+T】组合键进入自由变换状态，适当调整图像大小，并将其置于图像编辑区右下角，最后取消选区，效果如图2-26所示。

图2-24 拖曳鼠标创建选区 　　图2-25 选区创建完成 　　图2-26 效果展示（1）

STEP 06 打开"橘子.png"素材文件，选择"魔棒工具"，在工具属性栏中单击"添加到选区"按钮，设置容差为"20"。在橘子周围的白色区域单击鼠标左键，然后放大图像编辑区的显示比例，在叶片之间的白色区域单击创建选区，如图2-27所示。

STEP 07 将所有空白区域都创建为选区之后，按【Shift+Ctrl+I】组合键反选选区，即选择橘子区域。

STEP 08 按照与步骤05相同的方法将选区内的橘子图像移动至"原汁机主图"文件中，按【Ctrl+T】组合键进入自由变换状态，适当调整图像大小，并将其置于图像编辑区左下角位置，再选择选区，效果如图2-28所示。

图2-27 为白色区域创建选区 　　　　图2-28 效果展示（2）

STEP 09 打开"装饰.jpg"素材文件，选择【选择】/【色彩范围】命令，打开"色彩范围"对话框，设置颜色容差为"200"，然后在图像中的黑色区域单击鼠标左键创建选区，如图2-29所示。再单击 确定 按钮，发现已选中图像中的所有黑色区域，如图2-30所示。

图2-29 使用"色彩范围"命令创建选区　　　　图2-30 为黑色区域创建选区

STEP 10 按【Ctrl+Shift+I】组合键反选选区，再按【Ctrl+J】组合键将选区中的内容复制到新图层上，然后将其移至"原汁机主图"文件中，适当调整大小和位置，如图2-31所示。

STEP 11 选择"横排文字工具" T，在工具属性栏中设置字体为"方正兰亭中黑_GBK"，单击颜色色块，在打开的对话框中设置文字颜色为"黑色"，在主图中输入"新款原汁机""重磅上市""鲜可厨房"文字，使用变换图像的方法调整文字大小，最终效果如图2-32所示。完成后按【Ctrl+S】组合键保存文件。

图2-31 添加装饰素材　　　　　　　图2-32 最终效果

2.1.5 使用快速选择工具和魔棒工具

"快速选择工具" 🖌和"魔棒工具" 🪄在同一个工具组中，这两种工具都能够用于快速创建选区。

1. 快速选择工具

使用"快速选择工具" 🖌可以将鼠标指针状态转换为画笔状态，从而对图像进行涂抹以快速创建选区。选择"快速选择工具" 🖌后，鼠标指针将变为圆圈形状 ⊕（圆圈越大，画笔越大），在需要选取的区域中按住鼠标左键不放并拖曳鼠标，随着拖曳轨迹自动向外扩展并自动查找图像的边缘，以形成选区，如图2-33所示。

图2-33 使用快速选择工具创建选区

使用"快速选择工具" ☑ 涂抹图像创建选区时，在英文输入法下按【】】键可增大画笔大小，按【【】键可减小画笔大小。

"快速选择工具" ☑ 的工具属性栏如图2-34所示。其中前三个按钮的功能分别对应"新选区"按钮 ◻ 、"添加到选区"按钮 ◻ 和"从选区减去"按钮 ◻ 的功能，使用方法基本一致。

图2-34 "快速选择工具"的工具属性栏

- "画笔"选取器：单击鼠标左键可展开相应面板，如图2-35所示。在面板中可设置画笔大小、硬度、间距和角度等参数。
- "对所有图层取样"复选框：勾选该复选框，可根据所有图层创建选区，而并非仅在当前图层创建选区。
- "自动增强"复选框：勾选该复选框，可降低选区边缘的粗糙度。

图2-35 "画笔"选取器面板

2. 魔棒工具

使用"魔棒工具" ◻ 可以针对图像中颜色相似的、不规则形状的区域创建选区。选择"魔棒工具" ◻ ，在图像编辑区中单击鼠标左键，可选取邻近颜色相同的区域。

"魔棒工具" ◻ 的工具属性栏如图2-36所示。

图2-36 "魔棒工具"的工具属性栏

- "取样大小"下拉列表框：在该下拉列表框中可设置控制创建选区的取样点大小，其数值越大，创建的颜色选区也越大。
- "容差"数值框：用于设置识别颜色的范围。数值范围为0～255，该数值越大，所识别的区域也越广。
- "连续"复选框：勾选该复选框，将只选取与所选颜色连续的区域，否则将选择整个图像中具有同种颜色的所有像素。

2.1.6 使用"色彩范围"命令

在Photoshop CS6中创建选区，除了可以使用各种工具外，还可以使用"色彩范围"命令，选择现有选区或整个图像中指定的颜色或色彩范围。

选择【选择】/【色彩范围】命令，打开"色彩范围"对话框，如图2-37所示。该对话框中各选项的作用如下。

图2-37　使用"色彩范围"命令

- "选择"下拉列表框：用户可根据需要在该下拉列表框中选择取样颜色，如红色、黄色、肤色以及溢色选项。
- "检测人脸"复选框：在"选择"下拉列表框中选择"肤色"选项后，将激活该复选框。勾选该复选框，可以更加准确地选择图像中的肤色区域。
- "本地化颜色簇"复选框：若需要在图像中选择多个色彩范围，则勾选该复选框，以创建更加精准的选区。
- "颜色容差"数值框：用于调整选区边缘外的衰减，即调整所选色彩的范围。该数值较低时，将限制色彩范围；反之将增大色彩范围。
- "范围"数值框：勾选"本地化颜色簇"复选框，该参数将被激活，用于控制颜色的范围。
- "选择范围"单选项：单击选中该单选项，上方的预览图中将显示根据取样得到的选区。其中白色区域表示选中的区域，黑色区域表示未选中的区域，灰色区域表示选择的区域为半透明。
- "图像"单选项：单击选中该单选项，上方的预览图中将显示原图像色彩。
- "选区预览"下拉列表框：在该下拉列表框中可选择不同的预览选项，选择"无"选项，将显示原始图像；选择"灰度"选项，完全选择的区域将显示为白色，部分选择的区域将显示为灰色，未选择的区域将显示为黑色；选择"黑色杂边"选项，选择的区域将显示原图像，未选择的区域将显示为黑色；选择"白色杂边"选项，选择的区域将显示原图像，未选择的区域将显示为白色；选择"快速蒙版"选项，未选择的区域将显示为红色。
- 载入(L)...按钮：单击该按钮，可存储当前设置的色彩范围。
- 存储(S)...按钮：单击该按钮，可载入之前存储的色彩范围。

- 按钮组 ：分别单击"吸管工具" 按钮、"添加到取样 " 按钮 和"从取样中减去 " 按钮 后，可在图像或预览图中单击鼠标左键，以指定颜色范围、添加该颜色范围和移除该颜色范围。
- "反相"复选框：勾选该复选框，选择区域和未选择区域将互换。

> 🔔 **提示**
>
> 单击"吸管工具"按钮 后，按住【 Shift 】键不放并在图像或预览图中单击鼠标左键,也可增加取样范围;按住【 Alt 】键不放并在图像或预览图中单击鼠标左键,也可从取样中移除新取样的色彩范围。

技能提升

图2-38所示为禁烟标志，请结合本小节所讲知识，分析该作品并进行练习。

（1）分析该禁烟标志图像可以利用Photoshop 中创建选区的哪些工具制作出来。

高清彩图

图2-38 禁烟标志

（2）综合利用创建选区的工具或命令，制作一个禁止爆炸物标志，以进行思维拓展和能力提升，效果示例如图2-39所示。

效果示例

图2-39 禁止爆炸物标志

2.2 编辑选区

若创建的选区不符合图像处理的要求，则可对选区进行移动、修改、羽化等编辑操作，使其符合实际要求。

2.2.1 课堂案例——制作宠物用品活动海报

案例说明："萌宠知物"网店有一批宠物用品准备上新，该店铺打算对全场商品进行促销活动，因此需要制作相关活动海报，用于告知消费者活动详情以及活动时间等信息。制作时可在海报中添加可爱、简洁的装饰元素，使画面与活动主题更加契合，参考效果如图2-40所示。

知识要点：填充选区；描边选区；移动选区；羽化选区。

素材位置：素材\第2章\海报背景.jpg、宠物.jpg

效果位置：效果\第2章\宠物用品活动海报.psd

图2-40　宠物用品活动海报

具体操作步骤如下。

STEP 01 新建大小为"1417像素×2268像素"、分辨率为"72像素/英寸"、颜色模式为"RGB颜色"、名称为"宠物用品活动海报"的文件。

STEP 02 置入"海报背景.jpg"素材，适当调整大小和位置，以作为海报背景。

视频教学：
课堂案例——制作宠物用品活动海报

STEP 03 在工具箱中的前景色色块上单击鼠标左键，在打开的"拾色器（前景色）对话框中设置颜色为"#ceaf92"，单击 确定 按钮。然后设置背景色为"白色"，为之后填充选区做准备。

STEP 04 在"图层"面板下方单击"新建图层"按钮 新建图层，选择"椭圆选框工具" ，在海报下方创建一个椭圆选区，按【Alt+Delete】组合键为选区内的区域填充前景色。

STEP 05 打开"宠物.jpg"素材文件，使用"快速选择工具" 在宠物身上涂抹，因为宠物带有毛发，所以选取出的图像边缘较为僵硬，如图2-41所示。此时可通过羽化选区，使选区边缘的图像变为半透明效果。选区创建完成后，选择【选择】/【修改】/【羽化选区】命令，在打开的"羽化选区"对话框中设置羽化半径为"5像素"，然后单击 确定 按钮。

STEP 06 按【Ctrl+J】组合键将选区中的内容复制到新图层中，然后使用"移动工具" 将抠取好的图像移动至"宠物用品活动海报"文件中，适当调整大小和位置，效果如图2-42所示。

STEP 07 选择"横排文字工具" ，在工具属性栏中分别设置文字字体为"汉仪菱心体简""幼圆""幼圆"，文字颜色为"黑色"，文字大小分别为"145点""107点""60点"，输入图2-43所示文字，适当调整大小和位置。

STEP 08 新建图层，选择"椭圆选框工具" ，按住【Shift】键不放并拖曳鼠标在日期文字下方创建正圆选区，按【Alt+Delete】组合键填充前景色。

STEP 09 将鼠标指针移至选区中，在按住鼠标左键不放的同时将其向左拖曳一定距离，拖曳时同时按【Shift】键使其在水平方向上移动，如图2-44所示。然后按【Alt+Delete】组合键填充前景色。

STEP 10 使用相同的方法再将该选区向右拖曳并填充前景色，使用"横排文字工具" 在正圆上分别输入"玩具""食物""清洁"文字，并设置文字字体为幼圆，字体颜色为"白色"，效果如图2-45所示。

STEP 11 此时的海报画面还有些单调，可再绘制一些装饰元素。新建图层，选择"单行选框工具"　，在工具属性栏中单击"添加到选区"按钮　，然后分别在"新品上市 全场8折"文字的上下方单击鼠标左键创建选区，再按【Ctrl+Delete】组合键填充背景色。

图2-41　创建选区（1）

图2-42　效果展示（1）

图2-43　输入文字

图2-44　移动选区

图2-45　效果展示（2）

STEP 12 新建图层，选择"多边形套索工具"　，在画面中绘制多个三角图形，如图2-46所示。在选区上单击鼠标右键，在弹出的快捷菜单中选择"描边"命令，在打开的"描边"对话框中设置参数（见图2-47），其中颜色为"#ceaf92"，然后单击　确定　按钮，取消选区，最终效果如图2-48所示。完成后按【Ctrl+S】组合键保存文件。

图2-46　创建选区（2）

图2-47　描边选区

图2-48　最终效果

2.2.2　选区的基本操作

用户可以根据需要对使用选区或命令创建的选区进行基本操作，如移动、变换、填充与描边等。

1. 移动选区

通过移动选区可调整选区的位置，其操作方法有以下两种。

● 使用鼠标：创建好选区后，将鼠标指针移至选区中，此时按住鼠标左键不放并拖曳鼠标，到适当位置释放鼠标左键，即可移动选区的位置。

● 使用键盘：创建好选区后，按【↑】、【↓】、【←】、【→】方向键将以 "1像素" 为单位向上、下、左、右移动选区，在按住【Shift】键的同时按方向键将以 "10像素" 为单位移动选区的位置。

2. 变换选区

通过变换选区可调整选区的形状。创建好选区后，选择【选择】/【变换选区】命令，选区周围将出现边界框，变换选区的方法与变换图像相同，不同的是变换选区只会改变选区的大小，但若选择【编辑】/【自由变换】命令进入自由变换状态，则变换选区将同时改变选区中的像素，如图2-49所示。

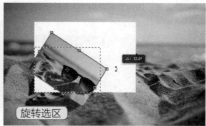

缩小选区　　　　　　　　　旋转选区

图2-49　自由变换选区

3. 填充选区

填充选区可选择填充颜色或图案。创建好选区后，选择【编辑】/【填充】命令或按【Shift+F5】组合键，打开图2-50所示 "填充" 对话框，在 "内容" 栏中可调整填充的样式。

图2-50　"填充" 对话框

● "使用" 下拉列表框：在该下拉列表框中可选择颜色、内容识别、图案、历史记录等选项填充选区。选择 "内容识别" 选项可自动识别选区周围的像素，然后使用从选区外取样的内容填充选区，如图2-51所示。

● "自定图案" 下拉列表框：在 "使用" 下拉列表框中选择 "图案" 选项将激活该设置，可选择填充图案的选项。

● "混合" 栏：在其中可设置填充内容的混合模式和不透明度；勾选 "保留透明区域" 复选框，可保留选区中的透明部分，使其不被填充。

图2-51　使用 "内容识别" 填充选区

4．描边选区

描边选区可使用线条绘制选区的边缘。创建好选区后，选择【编辑】/【描边】命令，打开图2-52所示"描边"对话框，设置其中的参数可调整描边的样式。

图2-52　"描边"对话框

- "宽度"数值框：用于设置描边线条的宽度。
- 颜色：单击右侧的颜色色块，可在打开的对话框中设置描边颜色。
- "位置"栏：用于设置描边线条的位置。

5．拷贝、剪切选区中的内容到新图层中

在处理图像时，若需要拷贝或剪切选区中的内容，则在创建选区后单击鼠标右键，在弹出的快捷菜单中选择"通过拷贝的图层"命令（组合键是【Ctrl+J】）或"通过剪切的图层"命令。

2.2.3　调整选区边缘

除了可以对选区进行编辑外，还可单独调整选区的边缘效果。

1．羽化选区

羽化选区可以使选区的边缘变得柔和、模糊，除了可以通过工具属性栏进行设置外，还可以在创建选区后选择【选择】/【修改】/【羽化】命令，或按【Shift+F6】组合键，打开"羽化"对话框，设置羽化半径参数，单击 确定 按钮。图2-53所示为未羽化选区的效果；图2-54所示为羽化半径为"60像素"的效果。

图2-53　未羽化选区的效果

图2-54　羽化半径为"60像素"的效果

疑难解答

为什么使用"羽化"命令羽化选区时会打开提示对话框？

这是因为当前创建的选区范围太小，而设置的羽化半径超过选区的范围，所以Photoshop会自动打开提示对话框，提示无法进行羽化操作，此时应该减小羽化半径或扩展选区范围。

2．边界与平滑选区

通过边界选区可以在现有选区边缘的内部和外部区域创建具有一定宽度的选区；通过平滑选区可消除选区边缘的锯齿，使其变得连续而平滑。

创建好选区后，选择【选择】/【修改】/【边界】或【平滑】命令，在打开的对话框中设置宽度或取样半径，单击 确定 按钮即可边界或平滑选区。

> 🔔 **提示**
>
> 创建好选区后，还可以选择【选择】/【修改】/【扩展】或【收缩】命令，在打开的对话框中设置扩展量或收缩量以扩展或收缩选区，常用于调整选区范围。

技能提升

选区的基本操作不仅用于图像，还用于文字，请结合本小节知识，尝试为文字创建选区，然后利用描边、扩展、移动等选区的基本操作来制作图2-55所示文字效果。

高清彩图

图2-55 文字效果

2.3 课堂实训

2.3.1 制作环保公益海报

1. 实训背景

某公益组织为呼吁大众抵制野生动物制品、保护野生动物准备制作一幅环保公益海报，并将其投放到各大网站中宣传，以表达人类与大自然和谐共处的美好愿望，推动社会公益事业发展。

2. 实训思路

（1）素材分析。该环保公益海报的主题是"保护野生动物"，背景可以使用沙漠的图片表达野外，然后配以动物的剪影进行展示。根据对动物剪影素材（见图2-56）的分析，可结合不同的创建与编辑选区的方法将图片中的手、卡片与剪影抠取出来。

（2）文案设计。环保公益海报需要通过简洁的文字有效传达想法，因此文案内容要发人深省，表达明确的观点，如"时尚不是滥杀"。直观的语句更能够表达出海报的观点，使其深入人心。

（3）字体选择。公益海报有时候不需要设计制作复杂的字体，只需要简洁大方，让人一目了然，使用"方正兰亭特黑_GBK"和"方正兰亭黑_GBK"两种不同粗细的字体可以更好地体现画面的层次感。

本实训的参考效果如图2-57所示。

高清彩图

图2-56 剪影素材　　　　　　　　图2-57 参考效果

素材所在位置： 素材\第2章\沙漠.jpg、剪影.jpg

效果所在位置： 效果\第2章\环保公益海报.psd

设计素养

体现时代文化主旋律的公益海报通常有环保、生命健康、振兴教育、社会新风尚、传统美德、科技发展、民族文化、时代观念等主题，这些主题深刻的公益海报在传播精神文明、推动社会公益事业发展的同时，也潜移默化地影响着人们的思想。

3. 步骤提示

STEP 01 新建大小为"900像素×500像素"、分辨率为"72像素/英寸"、颜色模式为"RGB颜色"、名称为"环保公益海报"的文件。

STEP 02 置入"沙漠.jpg"素材，适当调整大小和位置，作为海报的背景。

视频教学：
制作环保公益
海报

STEP 03 打开"沙影.jpg"素材文件，使用"魔棒工具" 和"色彩范围"命令抠取出图像，并去除动物剪影。为使抠取效果更加自然，可适当羽化选区，然后将抠取的图像移至"环保公益海报"文件中，调整大小和位置，并取消选区。

STEP 04 选择"横排文字工具" ，设置文字字体和文字颜色，在海报中输入相应文字，然后适当调整大小和位置。完成后查看最终效果，并按【Ctrl+S】组合键保存文件。

2.3.2 制作年终囤货节 Banner

1. 实训背景

Banner指横幅广告，是网络广告常见的形式之一，适用于电脑端和移动端。某电商网站准备开展"年终囤货节"活动，需要制作一个Banner展示在网站的首页，用于告知消费者活动的相关信息，并吸引消费者购买。

2. 实训思路

（1）版式设计。为了能在第一时间吸引消费者的视线，要突出画面中的重要信息，因此活动的主文案可放大居中显示在Banner中。

（2）文字设计。Banner的文字需要便于消费者快速阅读，因此主文字尽量选用粗型字体，如"汉仪菱心体简"，还可使用描边选区的方法描边文字，使其突出显示。

（3）装饰设计。为提高Banner整体的美观度，可创建与填充选区，绘制一些简单、形状不一的装饰性元素，在满足视觉平衡的同时丰富画面内容。

（4）色彩设计。为营造出"年终囤货节"热闹的氛围，主色彩可选用明亮、鲜艳的黄色，辅助色可选用与其相似的橙色、红色等。

本实训的参考效果如图2-58所示。

高清彩图

图2-58　参考效果

效果所在位置：效果\第2章\年终囤货节Banner.psd

3. 步骤提示

STEP 01　新建大小为"1280像素×720像素"、分辨率为"72像素/英寸"、颜色模式为"RGB颜色"、背景颜色为"#f0c84c"、名称为"年终囤货节Banner"的文件。新建图层，使用"多边形套索工具" 在画面中间绘制三角形，并填充为橙色。

视频教学：
制作年终囤货节
Banner

STEP 02　选择"横排文字工具" ，设置文字字体、字号和颜色，在画面中输入主文案和活动时间文字，然后分别为文字创建选区，再新建图层并设置选区描边颜色为黑色。

STEP 03　新建图层，使用"多边形套索工具" 在文字下方绘制指示牌形状的选区并填充为暗红色，然后在其上输入"活动详情>>"文字，设置文字字体、字号和颜色。

STEP 04　新建图层，使用"多边形套索工具" 绘制不同形状的装饰元素，并填充不同的颜色。完成后查看最终效果，并按【Ctrl+S】组合键保存文件。

2.4 课后练习

练习 1　制作皮包 Banner

某皮包品牌需要制作一个Banner，要求突出皮包商品，并通过文案体现皮包的卖点、优势和折扣价格等信息,以吸引消费者点击购买。制作时可综合利用多种工具或命令抠取皮包图像,然后利用多种工具绘制适当的矩形选区,并通过编辑选区的方法制作Banner背景以及文字背景本练习制作完成后的参考效果如图2-59所示。

素材所在位置: 素材\第2章\皮包.jpg

效果所在位置: 效果\第2章\皮包Banner.psd

高清彩图

图2-59　皮包Banner

练习 2　制作沙发主图

某家具店需要为一款简约沙发制作主图,要求主体与店铺风格相契合,同时展现出该款沙发的外观、优势等。制作时可综合利用多种工具或命令抠取沙发主体,然后通过编辑选区绘制主图背景以及装饰性元素本练习制作完成后的参考效果如图2-60所示。

素材所在位置: 素材\第2章\沙发.jpg

效果所在位置: 效果\第2章\沙发主图.psd

高清彩图

图2-60　沙发主图

第 **3** 章　使用图层

在Photoshop中，一个图像文件可以包含一个或多个图层，并且每个图层可以包含文本、图像等不同的内容，所有图层叠加在一起形成的效果就是最终的图像效果。利用图层，设计人员可以将不同的图像放置在不同的图层中，并对图层进行编辑和管理，从而设计出效果精美的作品。使用图层是处理图像的重要操作之一。

📖 **学习目标**

◎ 掌握图层的基本操作方法
◎ 掌握图层不透明度和混合模式的设置方法
◎ 掌握应用图层样式的方法

◇ **素养目标**

◎ 提升对合成类图像作品的审美能力
◎ 培养对图层特殊效果的运用能力

◈ **案例展示**

合成推文封面图　　　　　　　　　　　　合成宣传海报

图层的基本操作

图层可以看作一张透明的纸张。当多个图层堆叠在一起时，可以从上层图层中的透明区域看到下层图层中的图像，然后通过编辑不同的图层来调整最终的显示效果。

3.1.1 课堂案例——合成推文封面图

案例说明： "毕业季"即将到来，某学校官方公众号准备发布以"少年""梦想"为主题的推文，以鼓励学生不畏艰辛，勇敢地逐梦前行。为了提高推文的吸引力，需制作尺寸为600像素×600像素，且符合推文主题的封面图，参考效果如图3-1所示。

知识要点： 锁定图层；删除图层；复制图层；重命名图层；盖印图层。

素材位置： 素材\第3章\推文封面图\

效果位置： 效果\第3章\推文封面图.psd

高清彩图

图3-1 合成推文封面图效果

具体操作步骤如下。

STEP 01 新建大小为"600像素×600像素"、分辨率为"72像素/英寸"、颜色模式为"RGB颜色"、名称为"推文封面图"的文件。

STEP 02 置入"天空.jpg"素材，适当调整大小，将其置于图像编辑区的上方，单击"图层"面板上方的"锁定全部"按钮🔒，使其固定不变。

STEP 03 置入"云海1.jpg"素材，将其置于图像编辑区的下方。选择"矩形选框工具"，在工具属性栏中设置羽化为"20像素"，在该素材图像下方绘制矩形选区，如图3-2所示。

STEP 04 按【Ctrl+J】组合键将选区中的内容复制到新图层中，然后删除"云海1"图层。

STEP 05 置入"小男孩.png"素材，适当调整位置和大小。为增强画面感，可为小男孩添加阴影效果。选择"小男孩"图层，按【Ctrl+J】组合键复制图层，将复制的图层重命名为"阴影"，并将其置于"小男孩"图层下方，如图3-3所示。

STEP 06 在"阴影"图层上单击鼠标右键，在弹出的快捷菜单中选择"栅格化图层"命令，然后单击上方的"锁定透明像素"按钮。

STEP 07 在工具箱中设置前景色为"黑色"，然后按【Alt+Delete】组合键填充前景色，并在"图层"面板中设置不透明度为"50%"，使阴影变为半透明效果。再按【Ctrl+T】组合键自由变换"阴

视频教学：
课堂案例——合成推文封面图

影"图像，使其更加逼真，效果如图3-4所示。

图3-2　绘制矩形选区　　　　图3-3　复制图层　　　　　图3-4　制作阴影效果

STEP 08 置入"海豚.png""云海2.jpg"素材，适当调整位置。使用相同的方法为"云海2"图层的下半部分创建并羽化选区，再删除"云海2"图层，效果如图3-5所示。

STEP 09 选择"直排文字工具" IT，在工具属性栏中设置字体为"汉仪菱心体简"，文字颜色为"黑色"，在画面上方输入"少年与梦""永不老去"文字，适当调整大小。

STEP 10 为画面添加装饰，使效果更加美观。置入"星星.jpg"素材，在"图层"面板上方的"正常"下拉列表框中选择"滤色"选项，如图3-6所示。

STEP 11 完成后查看最终效果，如图3-7所示。按【Shift+Ctrl+Alt+E】组合键盖印图层，并重命名为"推文封面图"，最后按【Ctrl+S】组合键保存文件。

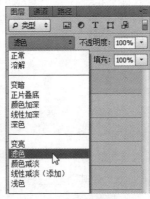

图3-5　效果展示　　　　图3-6　选择"滤色"选项　　　　图3-7　最终效果

3.1.2　选择图层

在对图层进行各种操作之前，需要先选择图层。在Photoshop中选择图层可分为以下4种情况。

- 选择单个图层：在"图层"面板中直接将鼠标指针移至要选择的图层上，单击鼠标左键。
- 选择多个不连续的图层：在按住【Ctrl】键的同时，在"图层"面板中所有需要选择的图层上依次单击鼠标左键。
- 选择多个连续的图层：在"图层"面板中先选择一个图层，在按住【Shift】键的同时，再选择另一个图层，即可选中这两个图层及其之间的所有图层。

● 选择所有图层：选择【选择】/【所有图层】命令或按【Alt+Ctrl+A】组合键，可选择"图层"面板中除背景图层外的所有图层。

3.1.3 新建、复制与删除图层

新建或打开图像文件后，可根据需要对文件中的图层进行简单的操作，如新建、复制与删除图层。

1. 新建图层

在Photoshop CS6中，可通过"图层"面板或菜单命令新建不同的图层，主要包括以下6种。

● 新建普通图层：单击"图层"面板下方的"创建新图层"按钮，即可创建一个普通图层；或选择【图层】/【新建】/【图层】命令（快捷键是【Shift+Ctrl+N】组合键），打开图3-8所示"新建图层"对话框，在其中设置图层的名称、颜色、模式等参数后单击 确定 按钮。

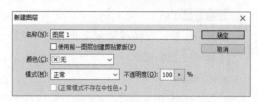

图3-8 "新建图层"对话框

若新建图层之后需要修改图层名称，则直接在"图层"面板中选择该图层，在名称区域双击鼠标左键，在激活的文本框中输入新名称后按【Enter】键。

● 新建填充图层：填充图层用于为图层填充纯色、渐变或图案。单击"图层"面板下方的"创建新的填充或调整图层"按钮，在弹出的下拉列表框中选择"纯色""渐变""图案"命令，分别打开相应的对话框。图3-9所示为"渐变填充"对话框，完成设置后单击 确定 按钮即可新建填充图层；或通过【图层】/【新建填充图层】命令中的子菜单新建填充图层。

图3-9 "渐变填充"对话框

● 新建形状图层：在工具箱的形状工具组中选择任意一种形状工具，在工具属性栏中设置工具模式为"形状"，在图像编辑区中绘制任意形状即可新建形状图层。

● 新建文字图层：使用"横排文字工具" T 或"直排文字工具" IT 在图像编辑区中输入文字后即可新建文字图层。

● 新建调整图层：调整图层用于调整图像的颜色、色调等。单击"图层"面板下方的"创建新的填充或调整图层"按钮，在弹出的下拉列表框中选择色彩相关的命令即可新建调整图层。

● 新建背景图层：背景图层位于"图层"面板的底部，不能添加图层样式，也不能删除。一个文件只能有一个背景图层，若没有背景图层，则选择图层后，选择【图层】/【新建】/【背景图层】命令将所选图层转换为背景图层。

2. **复制图层**

复制图层是为已存在的图层创建图层副本。在Photoshop CS6中复制图层的方法有以下3种。

- 通过拖曳：在"图层"面板中选择需要复制的图层，然后按住鼠标左键不放将其拖曳到下方的"创建新图层"按钮🔳上，再释放鼠标左键。
- 通过菜单命令：选择需要复制的图层，然后选择【图层】/【复制图层】命令，打开图3-10所示"复制图层"对话框，在其中设置名称和目标文件位置等后单击 确定 按钮。
- 通过快捷键：选择需要复制的图层，按【Ctrl+J】组合键。

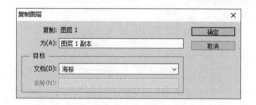

图3-10 "复制图层"对话框

3. **删除图层**

对于不需要使用的图层可将其删除，同时其中的所有元素也都将被删除。在Photoshop CS6中删除图层的方法与复制图层的方法类似，有以下3种。

- 通过按钮或拖曳：在"图层"面板中选择需要删除的图层，单击该面板下方的"删除图层"按钮🗑，或按住鼠标左键不放将其拖曳到"删除图层"按钮🗑上，再释放鼠标左键。
- 通过菜单命令：选择需要删除的图层，然后选择【图层】/【删除】/【图层】命令。
- 通过快捷键：选择需要删除的图层，按【Delete】键。

> **提示**
>
> 使用绘画工具、滤镜等功能编辑文字图层、形状图层、智能图层等包含矢量数据的图层时，需要先将其栅格化，即转换为位图，才能进行操作。栅格化图层的方法为：选择需要栅格化的图层，在其上单击鼠标右键，在弹出的快捷菜单中选择"栅格化"命令。

3.1.4 调整图层顺序

在"图层"面板中，图层默认是按创建的先后顺序重叠在一起的，上层的图层内容会遮盖住下层图层的内容。因此，可通过调整图层顺序改变图像的最终显示效果。其具体操作方法为：在"图层"面板中选择需要移动的图层，直接将其向上或向下拖曳即可调整图层顺序。也可选择图层后，选择【图层】/【排列】命令，在弹出的子菜单中选择"置为顶层（【Shift+Ctrl+]】组合键）""向前一层（【Ctrl+]】组合键）""向后一层（【Ctrl+ [】组合键）""置为底层（【Shift+Ctrl+ [】组合键）"命令来调整该图层的顺序。

> **提示**
>
> 选择多个图层后，选择【图层】/【排列】/【反向】命令，可将所选图层的排序完全颠倒，即最上层图层变为最下层图层，最下层图层变为最上层图层，以此类推。

3.1.5 锁定、显示与隐藏图层

在处理图像时，对图层进行锁定、显示与隐藏操作，能够更加方便地编辑图层中的内容，或保护其中的内容不受影响。

1. 锁定图层

锁定图层可以防止图层中的内容被更改。"图层"面板的"锁定"栏中提供了4个按钮，用于设置锁定图层中的相关内容。

- "锁定透明像素"按钮▨：单击该按钮后，只能编辑该图层中的图像区域，而不能编辑其中的透明区域。
- "锁定图像像素"按钮✎：单击该按钮后，只能对该图层中的图像进行移动、变形等操作，而不能使用画笔、橡皮擦和滤镜等工具。
- "锁定位置"按钮✛：单击该按钮后，该图层上的图像将不能被移动。
- "锁定全部"按钮🔒：单击该按钮后，该图层的透明像素、图像像素和位置都将被锁定。

2. 显示与隐藏图层

当图像文件包含的图层太多，不方便查看效果时，可以先隐藏不需要的部分图层，待查看效果之后再将其显示。在"图层"面板中，当图层缩览图左边显示 👁 按钮时，表示该图层为可见图层，单击该按钮可将图层隐藏，再次单击该按钮可将图层变为可见图层。若需要同时隐藏选中的多个图层，则选择【图层】/【隐藏图层】菜单命令。

> 🔔 **提示**
>
> 若只需要显示一个图层的效果，则按住【 Alt 】键不放并单击 👁 按钮，隐藏除该图层以外的所有图层，再次单击该按钮可显示所有图层。

3.1.6 合并与盖印图层

文件中的图层或图层样式过多会占用较多的系统资源，此时可以通过合并与盖印图层来合并相同属性的图层，以便在管理图层的同时能够减小文件的大小。

1. 合并图层

合并图层是指将两个或两个以上的图层合并到一个图层中，主要有以下3种操作。

- 合并图层：在"图层"面板中选择需要合并的图层后，选择【图层】/【合并图层】命令或按【Ctrl+E】组合键，合并后的图层将使用最上面图层的名称，如图3-11所示。
- 合并可见图层：选择【图层】/【合并可见图层】命令或按【Shift+Ctrl+E】组合键，可将当前所有可见图层合并为一个图层，合并后的图层名称为合并前选择的可见图层的名称。
- 拼合图像：选择【图层】/【拼合图像】命令，打开"提示"对话框，询问是否扔掉隐藏的图层，单击 确定 按钮，可合并所有可见图层，同时用白色填充所有透明区域。

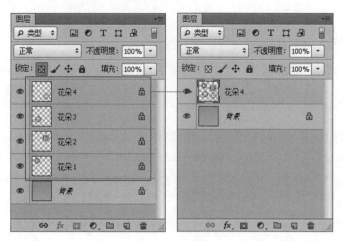

图3-11　合并图层

2. 盖印图层

盖印图层是较为特殊的合并图层的方法,能够将图层中的内容合并到其他图层或新图层中,同时保持原来的图层不变,主要有以下3种操作。

- 向下盖印可见图层:在"图层"面板中选择一个图层,按【Ctrl+Alt+E】组合键,可将当前图层中的内容复制到与该图层下方相邻的可见图层中。
- 盖印选择的可见图层或图层组:在"图层"面板中选择需要合并的图层或图层组,按【Ctrl+Alt+E】组合键,可将所选图层或图层组盖印到一个新图层中,并且新图层位于所选图层上方。
- 盖印所有可见图层:按【Shift+Ctrl+Alt+E】组合键,可将所有可见图层盖印到一个新图层中,并且新图层位于所选图层上方。

3.1.7 课堂案例——制作商品展示栏

案例说明:某灯具店即将上新一批产品,需要在网店首页制作"新品推荐"商品展示栏。为了便于消费者查看,在制作时需要整齐、有规律地排列商品图像,参考效果如图3-12所示。

高清彩图

知识要点:对齐图层;分布图层;分组图层。

素材位置:素材\第3章\商品图\

效果位置:效果\第3章\商品展示栏.psd

图3-12　商品展示栏效果

具体操作步骤如下。

STEP 01 新建大小为"1280像素×850像素"、分辨率为"72像素/英寸"、颜色模式为"RGB颜色"、名称为"商品展示栏"的文件。

STEP 02 置入"商品图"文件夹中的所有素材，选择所有素材所在图层，按【Ctrl+T】组合键进入自由变换状态，将鼠标指针移至变换框右上角，按住【Shift】键不放并向左下方拖曳鼠标使其等比例缩小，然后按【Enter】键。

STEP 03 将所有图像以两行三列的形式排列在画面中，如图3-13所示。

STEP 04 由于图像排列凌乱，因此需要调整。选择第一排最左侧两张图像所在图层，然后选择【图层】/【对齐】/【左边】命令，使两者左对齐。使用相同的方法分别通过【图层】/【对齐】命令中的"右边""顶边""底边"命令调整剩余图像的对齐方式，效果如图3-14所示。

图3-13 排列图像

图3-14 对齐图像

STEP 05 观察图像可知，此时中间的图像与两边的图像间的距离不等，需通过分布图像加以调整。选择第一排3张图像所在图层，然后选择【图层】/【分布】/【左边】命令，使中间图像位于3张图像的中心位置。再使用相同的方法调整第一排3张图像的距离，效果如图3-15所示。

STEP 06 接下来还需要调整所有图像的整体位置。为便于操作，可将图层分组后再进行移动。选择第一排3张图像所在图层，将其拖曳至"图层"面板下方的"创建新组"按钮 上，创建"组1"图层组；重复上述操作，为第二排的3张图像创建"组2"图层组。

STEP 07 选择所有图层组，然后选择【图层】/【对齐】/【水平居中】命令，使其整体居中，再按住【Shift】键不放并适当调整上下位置。

STEP 08 使用"矩形选框工具" 在第一排图像上方绘制一个矩形选区，并填充为黑色。

STEP 09 选择"横排文字工具" ，在工具属性栏中设置字体为"方正兰亭中黑_GBK"，文字颜色为"黑色"，在图像编辑区中输入"新品推荐""更多>>"文字，适当调整大小，然后将"新品推荐"文字和矩形条居中排列，如图3-16所示。完成后查看最终效果，并按【Ctrl+S】组合键保存文件。

图3-15 分布图像

图3-16 输入并调整文字

3.1.8 链接、分组与查找图层

在处理图像时，为方便统一管理图层，可选择链接或分组图层；当图层过多时，还可通过图层的类型与名称信息等快速找到相应图层。

1. 链接图层

要同时移动、变换多个图层中的图像，可先将需要处理的图层链接在一起，再进行操作。其操作方法为：在"图层"面板中选择两个及两个以上的图层，然后单击面板下的"链接图层"按钮 。当选择链接的任意一个图层时，与之链接的所有图层的名称右侧都将显示 图标，如图3-17所示。选择图层后，再次单击"链接图层"按钮 可断开链接。

2. 分组图层

将多个图层创建为图层组，可统一进行移动、变形或应用某种效果等操作。在Photoshop CS6中，分组图层的操作有以下两种。

● 通过菜单命令：选择【图层】/【新建】/【组】命令，打开"新建组"对话框，在其中设置相关参数，单击 确定 按钮，可在"图层"面板中创建一个空白的图层组，将图层拖曳到图层组上方即可移至该图层组中；或选择需要分组的图层后，选择【图层】/【新建】/【从图层新建组】命令，打开"从图层新建组"对话框，在其中设置相关参数，单击 确定 按钮，直接为选择的图层创建新组。

● 通过"创建新组"按钮 ：单击"图层"面板下方的"创建新组"按钮 ，可在面板中创建一个空白的图层组；或直接将需要分组的图层拖曳至"创建新组"按钮 上，如图3-18所示。

图3-17　选择链接图层

图3-18　将图层拖曳至按钮上分组图层

3. 查找图层

在"图层"面板最上方的"类型"下拉列表框中可选择图层的类型、名称、效果、模式、属性和颜色等选项以筛选图层，然后在右侧出现的文本框中输入图层名称进行查找，此时"图层"面板中只显示查找到的图层。

3.1.9 对齐与分布图层

在处理图像时，经常需要对齐图层中的图像，或是按一定的距离排列图层，使画面中的图像更加整齐有秩序。

1. 对齐图层

对齐图层可以将两个或两个以上图层中的图像与某个图层的边界对齐。选择需对齐的图层后,选择【图层】/【对齐】命令,其子菜单中有以下6种对齐方式。

- 顶边:可将选择图层的顶边像素与所有选择图层最顶边的像素对齐。
- 垂直居中:可将选择图层的垂直中心像素与所有选择图层的垂直中心像素对齐。
- 底边:可将选择图层的底边像素与所有选择图层最底边的像素对齐。
- 左边:可将选择图层的左边像素与最左侧图层的左边像素对齐。
- 水平居中:可将选择图层的水平中心像素与所有选择图层的水平中心像素对齐。
- 右边:可将选择图层的右边像素与最右侧图层的右边像素对齐。

2. 自动对齐图层

运用Photoshop CS6中的"自动对齐图层"功能,可以根据两个或两个以上图层中的相似内容自动对齐图层,但要求需对齐的图层重叠约40%。其操作方法为:选择【编辑】/【自动对齐图层】命令,打开图3-19所示"自动对齐图层"对话框,设置其中的参数可调整图层的对齐方式。

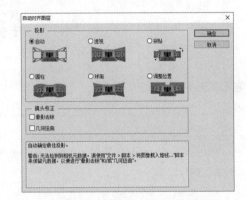

图3-19 "自动对齐图层"对话框

- 自动:Photoshop将分析源图像并应用"透视"或"圆柱"版面。
- 透视:将当前文件中的一个图像(默认为中间图像)指定为参考图像来创建一致的复合图像,然后变换其他图像,以便匹配图层的重叠内容。
- 拼贴:可以对齐图层并匹配重叠内容,而不更改图像中对象的形状。
- 圆柱:在展开的圆柱上显示各个图像来减少在"透视"版面中出现的扭曲情况。图层的重叠内容仍匹配,将参考图像居中放置,适用于创建宽全景图。
- 球面:将图像与宽视角对齐。指定某个图像(默认为中间图像)作为参考图像,并对其他图像执行球面变换,以便匹配重叠的内容。
- 调整位置:对齐图层并匹配重叠内容,但不会变换任何源图层。
- "镜头校正"栏:可自动校正晕影去除和几何扭曲的缺陷,用于选择镜头校正方法。勾选"晕影去除"复选框,将执行晕影去除和曝光补偿;勾选"几何扭曲"复选框,将补偿桶形、枕形、鱼眼失真。

3. 分布图层

分布图层可以将3个或3个以上图层中的图像在水平或垂直方向上等距分布。选择【图层】/【分布】命令,其子菜单中有以下6种分布方式。

- 顶边:从每个图层的顶边像素开始,间隔均匀地分布图层。
- 垂直居中:从每个图层的垂直中心像素开始,间隔均匀地分布图层。
- 底边:从每个图层的底边像素开始,间隔均匀地分布图层。
- 左边:从每个图层的左边像素开始,间隔均匀地分布图层。

- 水平居中：从每个图层的水平中心像素开始，间隔均匀地分布图层。
- 右边：从每个图层的右边像素开始，间隔均匀地分布图层。

🔔 提示

同时选择"移动工具" ⊕ 和多个图层，可激活工具属性栏中的 ▢▢▢ ▢▢▢▢▢ ▢▢▢▢ ▢▢ ▢ 按钮，单击相应按钮可快速对齐或分布图层。

技能提升

图3-20所示为某App的登录界面，利用提供的素材（素材位置：素材\第3章\App登录界面.psd）完成该效果并思考问题。

（1）该登录界面中的文字、图形等元素运用了哪些对齐方式？

_____

_____

（2）结合本小节所学知识，总结可通过哪些图层相关操作提高制作效率。

_____

_____

高清彩图

图3-20　App登录界面

3.2
设置图层不透明度和混合模式

在处理图像时，往往需要调整图层之间的相互关系，如设置图层不透明度和混合模式，以制作出特殊的效果。

3.2.1 课堂案例——合成宣传海报

案例说明：保护好大自然是人类生存与发展的重要前提。每年的6月5日为世界环境日，某环保组织准备为即将到来的世界环境日制作以"保护大自然"为主题的宣传海报，并将其投放到各网站中，呼吁更多人关注大自然，保护生态环境，参考效果如图3-21所示。

知识要点：复制图层；显示与隐藏图层；对齐图层；设置图层混合模式；设置图层不透明度。

素材位置：素材\第3章\合成宣传海报\

效果位置：效果\第3章\合成宣传海报.psd

高清彩图

图3-21　合成宣传海报效果

具体操作步骤如下。

STEP 01 新建大小为"900像素×500像素"、分辨率为"72像素/英寸"、颜色模式为"RGB颜色"、名称为"合成宣传海报"的文件。置入"背景.jpg"素材，适当调整大小和位置。

STEP 02 置入"大自然.jpg"素材，使用"快速选择工具" 为动物图像创建选区，然后按【Ctrl+J】组合键将选区中的内容复制到新图层中，调整大小和位置，并重命名新图层为"动物"。隐藏"大自然"图层，效果如图3-22所示。

视频教学：
课堂案例——合
成宣传海报

STEP 03 隐藏"动物"图层，显示"大自然"图层并将其放大，使草地区域覆盖手机屏幕，再次隐藏"大自然"图层，使用"多边形套索工具" 为手机屏幕创建选区，然后选择"大自然"图层，按【Ctrl+J】组合键将选区中的内容复制到新图层中，并重命名新图层为"草地"，删除"大自然"图层，效果如图3-23所示。

图3-22　抠取动物

图3-23　抠取草地

STEP 04 为使画面更加逼真，可为动物添加阴影效果。选择"动物"图层，按【Ctrl+J】组合键复制图层，将其移至"动物"图层下方，并重命名为"阴影"。单击"锁定透明像素"按钮 ，在工具箱中设置前景色为"黑色"，按【Alt+Delete】组合键填充前景色，垂直翻转该图层并适当变形，效果如图3-24所示。

STEP 05 此时的阴影效果并不完善，可通过设置混合模式和不透明度适当调整。选择"阴影"图层，在"图层"面板上方的"正常"下拉列表框中选择"柔光"选项，并设置图层不透明度为"60%"，如图3-25所示。

STEP 06 复制"动物""阴影"图层，将其水平翻转并适当缩小移至草地右侧。

图 3-24　阴影效果　　　　　　　　　　　　　　　　图 3-25　调整阴影

STEP 07 选择"横排文字工具" T，在工具属性栏中设置字体为"汉仪方叠体简"，文字大小为"36点"，文字颜色为"白色"，在图像编辑区中输入"别让大自然只能存在于虚拟世界中"文字，适当调整位置。

STEP 08 为海报添加光斑效果，以此代表希望的曙光，同时使画面更加美观。置入"光斑.jpg"素材，适当调整大小和位置，如图3-26所示。此时需要去除素材中的黑色部分，选择光斑所在图层，设置其混合模式为"滤色"，不透明度为"90%"，最终效果如图3-27所示。

图 3-26　置入素材　　　　　　　　　　　　　　　图 3-27　最终效果

3.2.2　设置图层不透明度

　　设置图层不透明度可以使图层上的图像产生透明或半透明效果。选择图层后，在"图层"面板右上方的"不透明度"数值框中输入相应数值，其数值范围为0～100%。当图层不透明度低于100%时，将显示该图层和下层图层的图像，不透明度越低，该图层就越透明；当不透明度为0时，该图层将完全透明，且下层图层中的图像将完全显示。图3-28所示为上层图层不透明度为80%的效果；图3-29所示为上层图层不透明度为30%的效果。

图 3-28　上层图层不透明度为80%的效果　　　　图 3-29　上层图层不透明度为30%的效果

在"不透明度"数值框下方还有一个"填充"数值框，其作用与不透明度类似。但不透明度的调整是相对于整个图层，包括图层样式（将在3.3节中讲解）都在调整的范围之内，而填充只对图层自身的透明度起作用，图层样式不会受到影响。

3.2.3 设置图层混合模式

图层混合模式是指上一图层与下一图层的像素混合的方式。使用的混合方式不同，图像的最终显示效果也不同。在"图层"面板"不透明度"左侧的"正常"下拉列表框（见图3-30）中可选择6组图层混合模式。

1. 组合模式

该组中的混合模式只有修改图层的不透明度时，才能产生效果。

- 正常：默认的混合模式，上层图层不透明度为100%时，可完全遮盖住下层图层中的图像。
- 溶解：若上层图层中的图像具有半透明像素，则可生成像素点状效果。

2. 加深模式

该组中的混合模式可使图像变暗。在混合时，上层图层的白色将被较深的颜色代替。

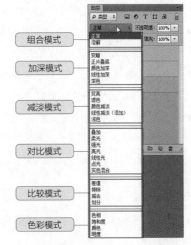

图3-30　6组图层混合模式

- 变暗：上层图层中较暗的像素将代替下层图层中与之对应的较亮的像素，而下层图层中较暗的像素将代替上层图层中与之对应的较亮的像素，从而使叠加后的图像区域变暗。
- 正片叠底：上层图层中的颜色与下层图层中的颜色进行混合相乘，从而得到比原来两种颜色更深的颜色。
- 颜色加深：提高上层图层与下层图层之间的对比度，从而得到颜色加深的效果。
- 线性加深：通过减小亮度使像素变暗，与白色混合后不会产生变化。与"正片叠底"效果相似，但可以保留更多下层图层的颜色信息。
- 深色：比较上下两个图层中所有颜色通道值的总和，然后显示颜色值较低的部分。

3. 减淡模式

该组中的混合模式可使图像变亮。在混合时，上层图层的黑色将被较浅的颜色代替，功能与加深模式相反。

- 变亮：将下层图层中比上层图层更亮的颜色作为当前显示色。
- 滤色：对上层图层与下层图层中相对应的较亮颜色进行合成，生成一种漂白增亮的效果。
- 颜色减淡：降低上层图层与下层图层之间的对比度，从而得到颜色减淡的效果。
- 线性减淡（添加）：通过增加亮度的方法来减淡图像颜色，与黑色混合后不会发生变化。
- 浅色：比较上下两个图层中所有颜色通道值的总和，然后显示颜色值较深的部分。

4. 对比模式

该组中的混合模式可增强图像的反差。在混合时，50%的灰度将会消失，亮度高于50%灰色的像素可加亮图层颜色，亮度低于50%灰色的图像可减暗图层颜色。

- 叠加：根据下层图层的颜色，与下层图层中相对应的颜色进行相乘或覆盖，产生变亮或变暗的效果。

- 柔光：通过上层图层中的像素决定图像变亮或变暗。当上层图层中的像素比50%灰色亮时，图像将变亮；当上层图层中的像素比50%灰色暗时，图像将变暗。

- 强光：上层图层中比50%灰色亮的像素变亮，比50%灰色暗的像素变暗。

- 亮光：通过提高或降低上下图层中颜色的对比度来加深或减淡颜色，具体取决于混合色。若混合色比50%灰色暗，则提高对比度使图像变暗；反之降低对比度使图像变亮。

- 线性光：通过减少或增加上下图层中颜色的亮度来加深或减淡颜色，具体取决于混合色。若混合色比50%灰色暗，则减少亮度使图像变暗；反之增加亮度使图像变亮。

- 点光：根据上下图层的混合色来决定替换部分较暗或较亮像素的颜色。若混合色比50%灰色亮，则替换比混合色暗的像素；反之替换比混合色亮的像素。

- 实色混合：将混合颜色的红色、绿色和蓝色通道值添加到基色的 RGB 值中。若通道的结果总和大于或等于255，则值为255；若小于255，则值为0。因此，所有混合像素的红色、绿色和蓝色通道值要么是0，要么是255。此模式会将所有像素更改为红色、绿色、蓝色、白色或黑色。

> 🔔 **提示**
>
> 为CMYK图像应用"实色混合"模式，会将所有像素更改为青色、黄色、洋红色、白色或黑色，最大颜色值为100。

5. 比较模式

该组中的混合模式会比较上层图层和下层图层，若有相同的区域，则该区域将变为黑色。不同的区域会显示为灰度层次或彩色。若图像中出现了白色，则白色区域将显示下层图层的反相色，但黑色区域不会发生变化。

- 差值：对上下图层中颜色的亮度进行比较，将两者的差值作为结果颜色。

- 排除：与"差值"模式效果类似，可创建对比度更低、更柔和的混合效果。

- 减去：在从目标通道中应用的像素基础上减去源通道中的像素值。

- 划分：查看每个通道中的颜色信息，再从基色中划分混合色。

6. 色彩模式

该组中的混合模式可将色彩分为色相、饱和度和亮度这3种成分，然后将其中的一种或两种成分互相混合。

- 色相：上层图层的色相将被应用到下层图层的亮度和饱和度中，会改变下层图层的色相。

- 饱和度：将上层图层的亮度应用到下层图层的颜色中，并改变下层图层的亮度。

- 颜色：将上层图层的色相和饱和度融入下层图层中，但不会影响下层图层的亮度。

- 明度：将上层图层的亮度融入下层图层的颜色中，并改变下层图层的亮度。

> 🔔 **提示**
>
> 图层组的默认模式为"穿透"，表示不产生混合效果。若选择其他混合模式，则该组中的图层将以该组的混合模式与下层图层混合。

图3-31所示为设置混合模式前后的
对比效果，请结合本小节所讲知识，分
析该作品并进行练习。

高清彩图

（1）为灯泡所在区域所在图层设
置哪些混合模式可以得到类似的发光
效果？

_____

_____

（2）尝试为提供的素材（素材位置：素材\第3章\灯中
金鱼.psd）中的"发光"图层设置不同的混合模式，以达到
不一样的视觉效果，从而在提高混合模式熟悉程度的同时拓
展思维。

图3-31　设置混合模式前后的对比效果

3.3
应用图层样式

在Photoshop CS6中，可以为图层应用投影、发光和浮雕等多种图层样式，从而制作出水晶、玻
璃、金属等多样化效果。

3.3.1　课堂案例——制作糖果店铺店招

案例说明：店招是店铺招牌的统称，用于展现店铺的整体形象。"Candy"糖果店准备重新装修网
店店面，需要重新制作店招。要求将店铺名称与糖果相关联，在凸显主营产品的同时提升美观度。店招
尺寸为950像素×150像素，参考效果如图3-32所示。

知识要点：添加图层样式；设置图层样式。

素材位置：素材\第3章\店招背景.jpg

效果位置：效果\第3章\糖果店铺店招.psd

高清彩图

图3-32　糖果店铺店招效果

具体操作步骤如下。

STEP 01 新建大小为"950像素×150像素"、分辨率为"72像素/英寸"、颜色模式为"RGB颜色"、名称为"糖果店铺店招"的文件。置入"店招背景.jpg"素材作为背景，调整大小与位置。

STEP 02 选择"横排文字工具" **T**，设置字体为"汉仪彩蝶体简"，文字颜色为"黑色"，在图像编辑区中输入"Candy"文字，调整大小与位置。

STEP 03 在"图层"面板中选择文字图层，然后在图层名称右侧的空白区域双击鼠标左键，打开"图层样式"对话框，勾选"斜面和浮雕"复选框，设置阴影颜色为"#640000"，其他参数设置如图3-33所示。

STEP 04 勾选"描边"复选框，设置相关参数，其中颜色为"#770000"，如图3-34所示。

STEP 05 勾选"内阴影"复选框，设置相关参数，其中混合模式的颜色为"#ffa200"，如图3-35所示。

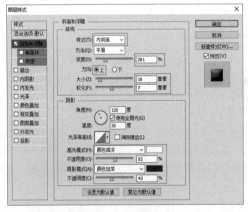

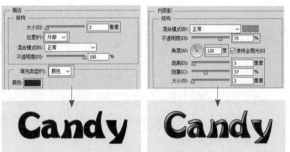

图3-33　设置斜面和浮雕　　　　图3-34　设置描边　　　　图3-35　设置内阴影

STEP 06 勾选"渐变叠加"复选框，设置相关参数，如图3-36所示。自定义渐变色彩需要在"渐变"下拉列表框中双击鼠标左键，在打开的"渐变编辑器"对话框中设置不同滑块的颜色分别为"#c80f09""#9880a4""#4788b6""#c4d566""#55abd7""#fac034""#df646a""#e4e889""#9a1d1d""#ed9d21"，单击 确定 按钮，关闭对话框，返回"图层样式"对话框。

STEP 07 勾选"外发光"复选框，设置相关参数，并将结构颜色设置为与"渐变叠加"图层样式中的颜色相同，如图3-37所示。

STEP 08 勾选"投影"复选框，设置相关参数，其中颜色为"#0f3048"，如图3-38所示。设置完成后，单击 确定 按钮完成图层样式的添加。

STEP 09 完成后查看最终效果，如图3-39所示。按【Ctrl+S】结合键保存文件。

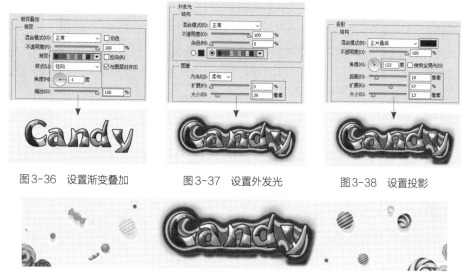

图3-36 设置渐变叠加 图3-37 设置外发光 图3-38 设置投影

图3-39 最终效果

3.3.2 添加并设置图层样式

图层样式是应用于图层或图层组的一种效果，会以非破坏性的方式改变图层的外观，制作出多种形式的特殊效果。为图层添加图层样式的方法为：选择图层或图层组后，选择【图层】/【图层样式】命令，在弹出的子菜单中选择相应的命令，打开"图层样式"对话框，在左侧勾选复选框添加相应的图层样式，然后在右侧设置对应的参数。Photoshop中提供了11种图层样式，使用不同图层样式制作出的效果不同，其设置参数也不同。

1. 斜面和浮雕

"斜面和浮雕"样式可以为图层添加高光和阴影效果的图像，从而产生凸出或凹陷的效果，其对应设置如图3-40所示。应用该样式前后的对比效果如图3-41所示。

- 样式：用于设置斜面和浮雕的样式，可选择"外斜面""内斜面""浮雕效果""枕状浮雕""描边浮雕"5种选项。
- 方法：用于设置创建浮雕的方法，可选择"平滑""雕刻清晰""雕刻柔和"3种选项。
- 深度：用于设置浮雕斜面的深度。该数值越大，图像的立体感越强。
- 方向：用于设置光照方向，以确定高光和阴影的位置。单击选中"上"或"下"单选项，可确定位置。
- 大小：用于设置斜面和浮雕中阴影面积的大小。
- 软化：用于设置斜面和浮雕的柔和程度。该数值越大，图像越柔和。
- 角度：用于设置光源的照射角度。
- "使用全局光"复选框：勾选该复选框，可以使所有浮雕样式的光照角度保持一致。

图3-40 "斜面和浮雕"设置

- 高度：用于设置光源的高度。可直接在数值框中输入数值，也可拖曳圆形中的空白点进行设置。
- 光泽等高线：用于设置斜面和浮雕效果的光泽。
- 消除锯齿：选中该复选框，可消除设置光泽等高线出现的锯齿效果。
- 高光模式：用于设置高光部分的混合模式、颜色和不透明度。
- 阴影模式：用于设置阴影部分的混合模式、颜色和不透明度。

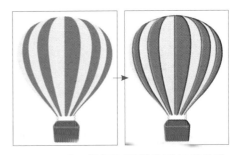

图3-41　应用"斜面和浮雕"前后的对比效果

🔔 **提示**

在"斜面和浮雕"复选框下方还可单独设置等高线和纹理参数，其中等高线用于勾画在浮雕处理中被遮住的起伏的线条；纹理用于选择图案将其应用到斜面和浮雕上。

2. 描边

"描边"样式可以使用颜色、渐变和图案对图层的边缘进行描边，其对应设置如图3-42所示。图3-43所示为应用渐变描边的效果；图3-44所示为应用图案描边的效果。

图3-42　"描边"设置

图3-43　应用渐变描边的效果

图3-44　应用图案描边的效果

- "位置"下拉列表框：用于设置描边的位置，可选择"外部""内部""居中"选项。
- "填充类型"下拉列表框：用于设置描边的样式，可选择"颜色""渐变""图案"选项。

3. 内阴影

"内阴影"样式可以在图像边缘的内侧添加阴影，使图像呈现出凹陷的效果，其对应设置如图3-45所示。图3-46所示为"内阴影"样式的效果。

- 混合模式：用于设置内阴影的混合模式，单击右侧的颜色块，可在打开的对话框中设置内阴影的颜色。
- 距离：用于设置内阴影偏移的距离。
- 阻塞：用于设置阴影边缘的渐变程度。
- 大小：用于设置投影的模糊范围。该数值越大，范围越大。
- 等高线：用于设置阴影的轮廓形状。
- 杂色：用于设置阴影中的杂色点数量。

图3-45　"内阴影"设置

4．内发光

"内发光"样式可以为图像边缘的内侧添加发光效果，如图3-47所示。

5．光泽

"光泽"样式可以在图像上方产生一种光线遮盖的效果，如图3-48所示。

图3-46 "内阴影"样式的效果

图3-47 "内发光"样式的效果

图3-48 "光泽"样式的效果

6．颜色/渐变/图案叠加

"颜色/渐变/图案叠加"样式可以在图像上叠加指定的颜色、渐变颜色或图案。图3-49所示为叠加颜色的效果；图3-50所示为叠加渐变的效果；图3-51所示为叠加图案的效果。

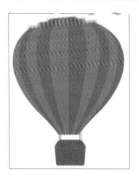
图3-49 叠加颜色的效果

图3-50 叠加渐变的效果

图3-51 叠加图案的效果

其中，在"渐变叠加"样式的设置中勾选"仿色"复选框可让渐变色更加细腻；勾选"与图层对齐"复选框可将填充的渐变色与图层对齐，缩放参数可设置渐变色的大小；在"图案叠加"样式的设置中单击 贴紧原点(A) 按钮可将原点对齐图层或文档的左上角。

7．外发光

"外发光"样式可以沿图像边缘向外产生发光效果，其对应设置如图3-52所示。图3-53所示为"外发光"样式的效果。

● 杂色：用于设置在图像中产生的随机杂色数量。

● 发光颜色：用于设置发光效果的颜色。选中左侧的单选项可设置颜色，选中右侧的单选项可设置渐变颜色。

图3-52 "外发光"设置

图3-53 "外发光"样式的效果

- 方法：用于设置发光方式，以控制发光的准确程度。
- 扩展：用于设置发光效果的扩展范围。
- 大小：用于设置发光效果产生的光晕大小。
- 范围：用于设置等高线对光芒的作用范围。
- 抖动：用于为光芒添加随意的颜色点。

8. 投影

"投影"样式可以模拟图像受到光照后产生的投影效果，其对应设置如图3-54所示。图3-55所示为"投影"样式的效果。

- 投影颜色 ：用于设置投影效果的颜色。
- 角度：用于设置投影效果在下方图层中显示的角度。
- 大小：用于设置投影的模糊范围。

图3-54 "投影"设置　　　图3-55 "投影"样式的效果

3.3.3 复制图层样式

要将已设置的图层样式复制到其他图层中，可按住【Alt】键不放并拖曳图层上的 fx 按钮到其他图层中，如图3-56所示；或在具有图层样式的图层上单击鼠标右键，在弹出的快捷菜单中选择"拷贝图层样式"命令，然后在需要复制图层样式的图层上单击鼠标右键，在弹出的快捷菜单中选择"粘贴图层样式"命令。

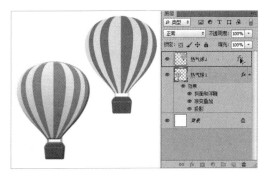

图3-56 复制图层样式

🔔 提示

要删除图层样式，可拖曳图层上的 fx 按钮到下方的"删除图层"按钮 🗑 上；或在图层上单击鼠标右键，在弹出的快捷菜单中选择"清除图层样式"命令删除所有图层样式；或拖曳单独的某个图层样式到下方的"删除图层"按钮 🗑 上进行删除。

3.3.4　应用预设图层样式

Photoshop CS6中提供了一些预设的图层样式，以便用户快速为图层制作相应的效果。应用预设图层样式的方法为：选择图层，然后选择【窗口】/【样式】命令，打开图3-57所示"样式"面板。该面板中包含彩色目标（按钮）、拼图（图像）和毯子（纹理）等多种预设好的参数，单击相应的按钮即可为该图层应用相应的图层样式。图3-58所示为应用"彩色目标（按钮）"图层样式的效果；图3-59所示为应用"拼图（图像）"图层样式的效果。

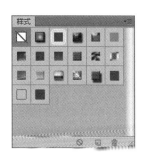

图3-57　"样式"面板

图3-58　"彩色目标（按钮）"样式的效果

图3-59　"拼图（图像）"样式的效果

疑难解答

Photoshop 自带的预设图层样式不够用该怎么办？

单击"样式"面板右上角的 ⊠ 按钮，在弹出的下拉列表框中选择"载入样式"命令，打开"载入"对话框，选择样式文件，然后单击 载入(L) 按钮，即可将外部的图层样式载入 Photoshop 的"样式"面板中进行应用。

技能提升

图3-60所示为为文字应用图层样式的效果，请结合本小节所讲知识，分析该作品并进行练习。

高清彩图

（1）该文字图层的效果可通过哪些图层样式来制作？

_____

_____

（2）尝试灵活运用多种图层样式制作出不同效果的文字，以增加对不同图层样式效果的熟悉度。

图3-60　应用图层样式的效果

3.4 课堂实训

3.4.1 制作音乐节灯箱广告

1. 实训背景

龙城体育馆将于6月22日举办草莓音乐节，为了让更多人参加音乐节，感受音乐的魅力，该体育馆准备制作灯箱广告投放到地铁站中，以展示具体的活动信息。

2. 实训思路

（1）素材选择。该灯箱广告的主题是"音乐节"，因此可选择与"音乐"相关的素材，如麦克风、音符等，在丰富画面的同时契合主题。

（2）风格分析。广告画面的设计需要具有一定的冲击力，才能在第一时间吸引乘客的视线，因此可选择色彩较为丰富的图像作为背景，采用与其对比较为明显的白色作为文字颜色，再通过复制文字并修改色彩的方法使文字突出显示。

（3）文案设计。由于乘客在流动状态中没有充足的时间阅读广告文案，因此灯箱广告的文案要简洁有力。可用简单的话语写明主要信息，再附上活动的时间、地点和购票的链接等信息。

本实训的参考效果如图3-61所示。

高清彩图

图3-61　参考效果

素材所在位置： 素材\第3章\音乐节\

效果所在位置： 效果\第3章\音乐节灯箱广告.psd

3. 步骤提示

STEP 01 新建大小为"180厘米×120厘米"、分辨率为"72像素/英寸"、颜色模式为"RGB颜色"、名称为"音乐节灯箱广告"的文件。置入"背景.jpg"素材，适当调整大小作为背景。

STEP 02 置入"麦克风.jpg"素材，适当调整大小并将其置于图像编辑区右下角，然后设置该图层的混合模式为"变亮"。

视频教学：
课堂案例——制作音乐节灯箱广告

STEP 03 置入"线条.jpg"素材，适当调整大小使其覆盖整个画面，再设置该图层的混合模式为"滤色"，不透明度为"80%"。

STEP 04 置入"二维码.png"素材，适当调整大小并置于画面左下角。再置入"音符1.png~音符3.png"素材，分别将它们自由变换后放置于广告中作为装饰，利用"颜色叠加"图层样式使其变为白色。

STEP 05 使用"横排文字工具" **T** 输入相关的文字信息，利用"斜切"变形文字复制两次主文字的图层并分别修改颜色为"#df296b""#5db6e5"，再分别移至原始文字的左侧和右侧。

STEP 06 置入"烟雾.png"素材，适当调整大小并将其置于"魅力"文字下方，设置该图层的混合模式为"变亮"。完成后查看最终效果，并按【Ctrl+S】组合键保存文件。

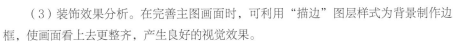

> **设计素养**
>
> 　　地铁庞大的客流量使得地铁灯箱广告具有信息突出、针对性强、传播性强等特点，其尺寸有 100 厘米 ×150 厘米、120 厘米 ×180 厘米、300 厘米 ×150 厘米、600 厘米 ×150 厘米等（不同站点略有不同），用户可根据需要选择相应的尺寸进行制作。

3.4.2 制作皮包宣传主图

1. 实训背景

丽华绮旗舰店即将上新一款简约风格的皮包，需制作宣传主图，以吸引消费者点击查看，要求整体风格与"简约""清新"相契合，并展示出皮包的卖点和价格。

2. 实训思路

（1）素材分析。拍摄的商品图像颜色较为暗淡，可利用"柔光"混合模式调整商品图像的色彩，前后对比效果如图3-62所示。

（2）文字分析。文字需要按照主次关系调整大小，还可利用"渐变叠加"图层样式为标题文字制作特殊效果。

（3）装饰效果分析。在完善主图画面时，可利用"描边"图层样式为背景制作边框，使画面看上去更整齐，产生良好的视觉效果。

本实训的参考效果如图3-63所示。

高清彩图

图3-62　前后对比效果

图3-63　参考效果

素材所在位置： 素材\第3章\皮包.jpg

效果所在位置： 效果\第3章\皮包宣传主图.psd

3．步骤提示

视频教学：
制作皮包宣传
主图

STEP 01 新建大小为"800像素×800像素"、分辨率为"72像素/英寸"、颜色模式为"RGB颜色"、名称为"皮包宣传主图"的文件。将背景图层转换为普通图层，再利用"矩形选框工具" 将该图层划分为上下两个区域，并分别填充为"#e8e1da""#dccfc2"，最后为该图层添加"描边"图层样式。

STEP 02 置入"皮包.png"素材，适当调整大小。复制"皮包"图层，设置复制图层的混合模式为"柔光"。

STEP 03 新建图层，使用"多边形套索工具" 分别在图像编辑区的下方和右上方绘制形状作为文字背景，并填充为"#845a32"。

STEP 04 使用"横排文字工具" 输入相关的文字信息，适当调整大小，并为主要文字添加"渐变叠加"图层样式，设置渐变颜色为"#c6a38b~#6c2e16~#c6a38b"。完成后查看最终效果，并按【Ctrl+S】组合键保存文件。

3.5 课后练习

练习 1 制作商品陈列图

临近年中大促，丽予旗舰店准备为店内的一批小白鞋做促销活动。为了将参加活动的商品统一展示给消费者，以便其进行对比与挑选，需要制作一张商品陈列图。制作时可利用对齐与分布将商品图像按一定的方式排列整齐，使整体更加规范、有条理，然后利用图层样式为文字和背景制作特殊效果，以增强设计感。本练习完成后的参考效果如图3-64所示。

素材所在位置： 素材\第3章\鞋类商品\

效果所在位置： 效果\第3章\商品陈列图.psd

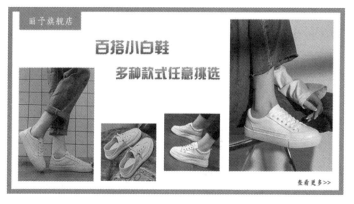

高清彩图

图3-64　完成后的效果

练习 2 制作招聘广告

毕业季来临，梦之设计公司为招揽更多人才，准备制作招聘广告，以吸引更多毕业生投递简历。该广告需要有突出的背景色彩，并展示公司名称、招聘岗位和投递邮箱等信息。制作时可应用图层样式制作文字的立体效果和渐变效果，然后通过复制图层、盖印图层等操作，制作出多张广告叠加的效果。本练习完成后的参考效果如图3-65所示。

效果所在位置： 效果\第3章\招聘广告.psd

高清彩图

图3-65 完成后的效果

第 4 章　创建与编辑文字

在图像处理中，文字是传达信息的重要媒介之一，影响着版面的信息传达效果。合理应用文字不仅能够起到修饰图像的作用，还能更好地说明图像，进而直观地表达出整个作品的主题和意图。使用Photoshop CS6不仅能够创建文字，还能对文字进行各种编辑处理，最终制作出多样化的文字效果。

📖 学习目标

- ◎ 掌握创建不同文字的方法
- ◎ 掌握编辑文字的方法

✥ 素养目标

- ◎ 提升在图像处理中运用文字的能力
- ◎ 培养设计艺术文字的兴趣

◈ 案例展示

品茶广告效果

标签贴纸效果

科技峰会招贴效果

4.1 创建文字

不同类型的文字在图像中起着不同的作用。Photoshop中的文字按属性可分为点文字、段落文字和路径文字；按样式可分为普通文字和变形文字。

4.1.1 课堂案例——制作品茶广告

案例说明：水韵茶舍准备召开品茶会，以弘扬茶文化，交流品茶心得。为了邀请更多感兴趣的顾客前来参加，需要制作品茶广告，用于体现广告的主题。要求结合与茶相关的素材，展现品茶的乐趣，参考效果如图4-1所示。

知识要点：创建点文字；创建段落文字，设置字体，设置文字颜色。

素材位置：素材\第4章\品茶广告\

效果位置：效果\第4章\品茶广告.psd

高清彩图

图4-1 品茶广告效果

具体操作步骤如下。

STEP **01** 新建大小为"21厘米×29.7厘米"、分辨率为"72像素/英寸"、颜色模式为"CMYK颜色"、背景颜色为"白色"、名称为"品茶广告"的文件。

STEP **02** 置入"背景.jpg"素材，适当调整大小，并设置不透明度为"10%"。置入"茶杯.png"素材，适当调整大小，将其置于图像编辑区右下角，然后为茶杯应用"投影"图层样式，设置参数如图4-2所示。为茶杯制作阴影效果，如图4-3所示。

视频教学：
课堂案例——制作品茶广告

STEP **03** 选择"横排文字工具" T，在工具属性栏中设置字体为"方正启笛简体"，文字大小为"268点"，在图像编辑区左上角单击鼠标左键插入光标，输入"享"文字后，按【Ctrl+Enter】组合键完成输入；使用相同的方法在下方输入"受"文字，设置文字大小为"199点"，效果如图4-4所示。

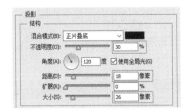

图4-2 设置投影

图4-3 阴影效果

图4-4 文字效果

STEP 04 为"享"文字图层应用"渐变叠加"图层样式，设置参数如图4-5所示。参考颜色为"#23aac0""#76c9d3""#2b7e78"，提高文字美观度，然后将该文字图层的图层样式复制到"受"文字图层中，渐变叠加效果如图4-6所示。

STEP 05 置入"色块.png"素材，将其移至"享"文字右侧，然后选择"直排文字工具" IT，在工具属性栏中设置文字颜色为"白色"，在色块图像上方输入"惬意"文字，按【Ctrl+Enter】组合键完成输入，如图4-7所示。

图4-5　设置渐变叠加　　　图4-6　渐变叠加效果　　　图4-7　输入文字（1）

STEP 06 选择"横排文字工具" T，设置字体为"方正准圆简体"，文字颜色为"#2e847e"，在"惬意"文字右侧输入"水韵茶舍 6月6日14点"文字。再使用"直排文字工具" IT 在"受"文字右侧输入图4-8所示文字。

STEP 07 选择"横排文字工具" T，设置字体为"方正楷体简体"，将鼠标指针移至图像编辑区茶杯图像左侧，按住鼠标左键不放并向左上方拖曳鼠标，绘制文本框，然后在其中输入图4-9所示文字。

STEP 08 使用"矩形选框工具"创建4个线条样式的选区，并填充"#2e857f"颜色，再适当旋转线条作为装饰，如图4-10所示。完成后查看最终效果，并按【Ctrl+S】组合键保存文件。

图4-8　输入文字（2）　　　图4-9　输入文字（3）　　　图4-10　绘制装饰性线条

4.1.2 认识文字创建工具

Photoshop CS6中提供了"横排文字工具" T、"直排文字工具" IT、"横排文字蒙版工具"和"直排文字蒙版工具" 4种工具用于创建文字。选择相应工具后，在图像编辑区中单击鼠标左键定位文字插入点后，光标将会在插入点处闪烁，此时可直接输入文字，然后单击工具属性栏中的✔按钮或按【Ctrl+Enter】组合键完成点文字的创建。

- "横排文字工具" T：使用该工具可在图像中创建水平文字并新建文字图层，如图4-11所示。
- "直排文字工具" IT：使用该工具可在图像中创建垂直文字并新建文字图层，如图4-12所示。
- "横排文字蒙版工具" T：使用该工具可在图像中创建水平文字形状的选区，如图4-13所示。
- "直排文字蒙版工具" IT：使用该工具可在图像中创建垂直文字形状的选区，如图4-14所示。

图4-11 横排文字

图4-12 直排文字

图4-13 横排文字蒙版

图4-14 直排文字蒙版

🔔 提示

若要在定位插入点之后取消创建文字，则单击工具属性栏中的◎按钮或按【Esc】键。若在输入文字时需要换行，则按【Enter】键。

4种文字创建工具的工具属性栏功能一致。选择文字创建工具后，可根据需要在图4-15所示工具属性栏中进行相应设置。其中各选项的作用如下。

图4-15 文字创建工具的工具属性栏

- "切换文本取向"按钮 IT：单击该按钮，可将输入文字的方向在水平方向和垂直方向之间切换。
- "字体"下拉列表框：用于设置文字的字体。
- "字体样式"下拉列表框：用于设置文字的字体样式（仅支持部分字体），包括Light（细体）、Regular（常规）和Bold（粗体）3个选项。
- "文字大小"下拉列表框：用于设置文字大小。
- "设置消除锯齿的方法"下拉列表框：用于设置文字的锯齿效果，包括无、锐利、犀利、浑厚和平滑5个选项。
- "对齐方式"按钮：单击相应按钮，可按不同方式对齐文字，从左至右分别是左对齐、居中对齐和右对齐。
- 颜色色块：单击该颜色色块，可在打开的对话框中设置文字颜色。
- "创建文字变形"按钮：单击该按钮，可在打开的对话框中设置文字的变形效果。
- "切换字符和段落面板"按钮：单击该按钮，可选择显示或隐藏"字符"面板和"段落"面板。

疑难解答

?

为什么有时打开 PSD 格式文件会提示缺失字体?

打开在其他计算机中制作的 PSD 格式文件时,可能会因为两台计算机中安装的字体不同而造成字体缺失的问题。此时,可选择【文字】/【替换所有缺欠字体】命令,在打开的对话框中将缺失字体替换为计算机中已安装的字体;或将缺失字体下载并安装到计算机中,然后重启软件。

4.1.3 创建段落文字

使用"横排文字工具" **T** 和"直排文字工具" **IT** 可以创建段落文字,设置统一的字体、字间距、行距等,常用于文章、杂志等内容的排版。

创建段落文字的方法为:选择"横排文字工具" **T** 或"直排文字工具" **IT**,在图像编辑区中按住鼠标左键不放并拖曳鼠标,绘制一个矩形的文本框,如图4-16所示。此时文字插入点自动定位到文本框中,之后输入的文字即为段落文字。当文字长度大于文本框时,文字将自动跳行显示,如图4-17所示。此时将鼠标指针移至文本框四周的控制点上,当鼠标指针变为 形状时,可拖曳控制点调整文本框的大小,使文字在文本框中排列整齐,如图4-18所示。

图4-16 绘制文本框

图4-17 文字自动跳行

图4-18 调整文本框大小

🔔 提示

在处理文字时,为了便于操作,可将创建的点文字与段落文字相互转换。其操作方法为:选择需要转换的文字图层,在其右侧的空白区域单击鼠标右键,在弹出的快捷菜单中选择"转换为段落文本"或"转换为点文本"命令。

4.1.4 课堂案例——制作标签贴纸

案例说明:"天天鲜果"水果店铺为树立品牌形象,提高品牌知名度,准备制作"橙子"专属的标

签贴纸，以增强消费者对该品牌的记忆。要求在标签中
体现出水果店的名称，并添加橙子的图像，这里可创建
变形文字和路径文字为该贴纸增添设计感，参考效果如
图4-19所示。

　　知识要点：创建变形文字；创
建路径文字。

　　素材位置：素材\第4章\橙
子.png

　　效果位置：效果\第4章\标签贴
纸.psd

高清彩图

图4-19　标签贴纸效果

　　具体操作步骤如下。

　　STEP 01　新建大小为"500像素×500像素"、分辨率为"72像素/英寸"、颜
色模式为"CMYK颜色"、背景颜色为"#fbe8b6"、名称为"标签贴纸"的文件。

　　STEP 02　绘制标签背景的形状。新建图层，选择"椭圆选框工具" ◯，按住
【Shift】键不放，在图像编辑区中绘制一个较大的正圆，并填充为"白色"。

　　STEP 03　保留圆形选区，新建图层，选择"矩形选框工具" ▢，按住【Alt】
键不放，在圆形选区上方绘制一个矩形，Photoshop将自动减去与圆形选区重叠的部
分，然后为该选区填充"#ee901c"颜色，如图4-20所示。按【Ctrl+D】组合键取
消选区。

　　STEP 04　置入"橙子.png"素材，适当调整大小，然后为橙子应用"投影"图层样式，设置参数如
图4-21所示。为橙子制作阴影效果，如图4-22所示。

图4-20　裁剪并填充选区

图4-21　设置投影

图4-22　阴影效果

　　STEP 05　选择"横排文字工具" T，在工具属性栏中设置字体为"方正喵呜体"，文字大小为
"110点"，文字颜色为"黑色"，在图像编辑区中输入"鲜果"文字。单击工具属性栏中的"创建文
字变形"按钮 ，在打开的"变形文字"对话框中设置样式为"膨胀"，弯曲为"+40%"，使文字更具
艺术性，如图4-23所示。单击　确定　按钮，再按【Ctrl+Enter】组合键完成文字的输入。

　　STEP 06　新建图层，使用"矩形选框工具" ▢在"鲜果"文字左侧绘制一个矩形选区，并填充
"#ee901e"颜色，按【Ctrl+D】组合键取消选区。然后选择"直排文字工具" IT，在工具属性栏中设
置文字大小为"36点"，文字颜色为"白色"，在矩形上方输入"天天"文字，效果如图4-24所示。

图 4-23 创建变形文字　　　　　　　　　　　　　　图 4-24 文字效果

STEP 07 绘制路径。在工具箱中长按 "矩形工具" ，在打开的下拉列表框中选择 "椭圆工具" ，在工具属性栏的第一个下拉列表框中选择 "路径" 选项，然后按住【Shift】键不放在图像编辑区中绘制一个圆形路径，如图 4-25 所示。

STEP 08 选择 "横排文字工具" ，设置文字颜色为 "#ee901e"，将鼠标指针移至路径上方，当鼠标指针变为 形状时，单击鼠标左键定位文字插入点，输入图 4-26 所示文字，按【Ctrl+Enter】组合键完成输入。

STEP 09 调整文字的位置和方向。按【Ctrl+T】组合键进入自由变换状态，适当移动并旋转文字。完成后查看最终效果，如图 4-27 所示。按【Ctrl+S】组合键保存文件。

图 4-25 绘制圆形路径　　　　　图 4-26 创建路径文字　　　　　图 4-27 最终效果

4.1.5 创建变形文字

单击文字创建工具工具属性栏中的 "创建文字变形" 按钮 可以创建变形文字，得到艺术化的效果。其具体操作方法为：选择需要变形的文字，单击工具属性栏中的 "创建文字变形" 按钮 ，打开图 4-28 所示 "变形文字" 对话框。可根据需要在 "样式" 下拉列表框中选择不同的变形效果，包括扇形、下弧、上弧等 15 种样式；还可通过下方的参数调整变形效果，如变形方向、弯曲、水平扭曲和垂直扭曲等，最后单击 确定 按钮完成变形文字的创建。图 4-29 所示为常见的变形文字效果。

图 4-28 "变形文字" 对话框

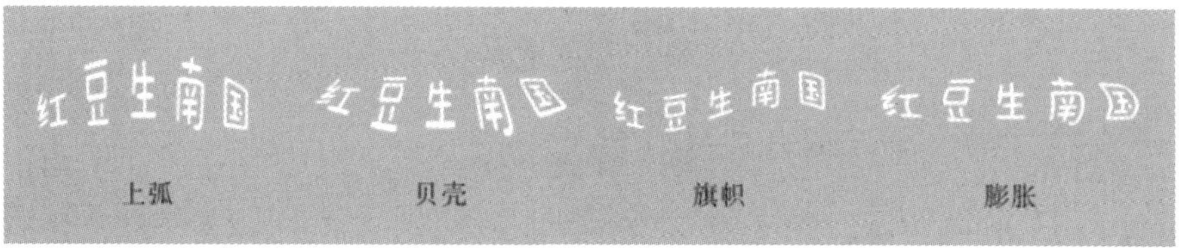

图4-29 常见的变形文字效果

4.1.6 创建路径文字

路径文字可以使文字沿着曲线、斜线等各种路径排列。创建路径文字的操作方法为：使用形状工具或钢笔工具在图像中绘制路径，然后选择文字工具，将鼠标指针移动到路径上方，当鼠标指针变为$\boxed{\text{I}}$形状时，单击鼠标左键定位文字插入点，输入文字后，文字将沿路径分布，最后按【Ctrl+Enter】组合键完成输入。需要注意的是，使用"横排文字工具"$\boxed{\text{T}}$创建路径文字时，文字与路径呈垂直状态，如图4-30所示；使用"直排文字工具"$\boxed{\text{IT}}$创建路径文字时，文字与路径呈平行状态，如图4-31所示。

图4-30 横排文字与路径

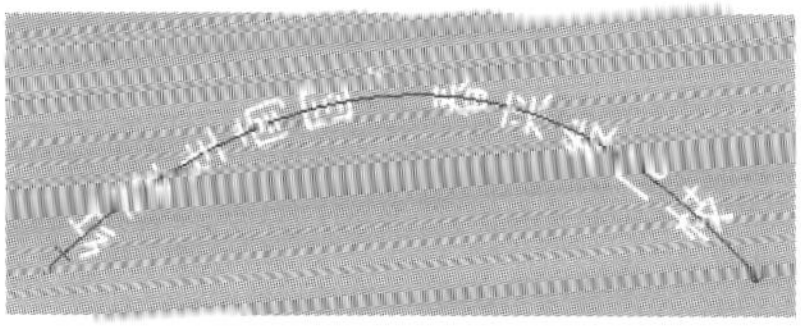

图4-31 直排文字与路径

技能提升

图4-32所示为招聘宣传单，请结合本小节所讲知识，分析该作品并进行练习。

（1）该招聘宣传单中分别有哪些类型的文字？

_____

（2）不同类型的文字会让画面呈现出不一样的效果，尝试利用本小节所学知识，对该效果（素材位置：素材\第4章\招聘宣传单.psd）中的文字类型进行调整，以提高文字排版与设计能力。

高清彩图

效果示例

图4-32 招聘宣传单

4.2 编辑文字

创建文字之后，用户可根据具体需要通过"字符"或"段落"面板为文字设置格式等，还可将文字转换为普通图层或形状图层等，以便进行更丰富的编辑操作。

4.2.1 课堂案例——制作国庆促销 Banner

案例说明：一年一度的国庆黄金周即将到来，某网站准备举办大规模的家电促销活动。为获取更多的流量，该网站打算制作促销Banner投放在官网上，展示如折扣力度、活动时间等相关活动信息，参考效果如图4-33所示。

知识要点：设置字符属性；扩展选区。

素材位置：素材\第4章\Banner背景.jpg

效果位置：效果\第4章\国庆促销Banner.psd

高清彩图

图4-33　国庆促销Banner效果

具体操作步骤如下。

STEP 01 新建大小为"1280像素×720像素"、分辨率为"72像素/英寸"、颜色模式为"RGB颜色"、名称为"国庆促销Banner"的文件。置入"Banner背景.jpg"素材，适当调整大小，作为背景使用。

视频教学：
课堂案例——
制作国庆促销
Banner

STEP 02 选择"横排文字工具" T ，在图像编辑区中输入"国庆大狂欢"文字。完成输入后，选择【窗口】/【字符】命令，打开"字符"面板，在其中设置字体为"汉仪菱心体简"，文字大小为"140点"，字符间距为"-20"，文字颜色为"#d04428"，如图4-34所示。

STEP 03 在文字下方输入"狂欢7天 低至3折起"文字，在"字符"面板中单击 T 按钮和 T 按钮分别使字体加粗和倾斜显示，设置其他参数如图4-35所示。

STEP 04 使用与步骤02相同的方法输入"家电焕新超优惠"文字，并在"字符"面板中设置相应参数，如图4-36所示。

STEP 05 选择3个文字图层，按【Ctrl+Alt+E】组合键盖印图层，并重命名为"文字背景"，然后按住【Ctrl】键不放并单击"文字背景"图层的缩览图区域，为文字创建选区，如图4-37所示。

图4-34　设置字符属性（1）

图4-35　设置字符属性（2）

图4-36　设置字符属性（3）

图4-37　创建选区

STEP 06 选择【选择】/【修改】/【扩展】命令，打开"扩展选区"对话框，设置扩展量为"8像素"，然后单击 确定 按钮，在按住【Shift】键的同时使用"套索工具" 框选文字内部的选区，使选区合并为一个选区，调整选区前后的对比效果如图4-38所示。

STEP 07 在工具箱中设置前景色为"黑色"，然后按【Alt+Delete】组合键填充前景色，取消选区，再将"文字背景"图层移至所有文字图层下方。

STEP 08 为制作文字的层次感，可修改部分文字的颜色。选择"大狂欢"文字，在"字符"面板中修改文字颜色为"#fbdb03"。完成后查看最终效果，如图4-39所示。按【Ctrl+S】组合键保存文件。

图4-38　调整选区前后的对比效果

图4-39　最终效果

4.2.2 设置字符属性

文字创建工具的工具属性栏中只有部分字符属性，而"字符"面板中则包含了所有字符属性，因此使用"字符"面板修改字符属性。选择【窗口】/【字符】命令，打开图4-40所示"字符"面板。在其中可设置字体、字体样式、行距、字距等基础格式，以及以下一些特殊格式。

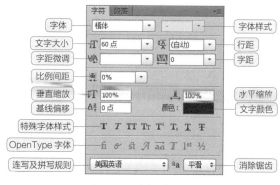

图4-40 "字符"面板

- 垂直/水平缩放数值框：用于调整文字的高度和宽度。

- 基线偏移数值框：用于设置文字与文字基线之间的距离。数值为正值时，文字将上移；数值为负值时，文字将下移。

- 特殊字体样式：从左至右分别为加粗**T**、仿斜体*T*、全部大写字母**TT**、小型大写字母**Tr**、上标**T¹**、下标**T₁**、下划线**T**和删除线**T**8种字体样式，单击相应按钮即可应用该样式。图4-41所示为为英文应用小型大写字母的效果；图4-42所示为为英文应用上标的效果；图4-43所示为为英文应用删除线的效果。

图4-41 小型大写字母效果

图4-42 上标效果

图4-43 删除线效果

4.2.3 课堂案例——制作科技峰会招贴

案例说明：以"未来的世界"为主题的科技峰会即将在蓉城召开。该峰会将探讨未来科技的发展趋势，以及对于未来生活的畅想，因此需要制作招贴吸引行业内的技术人才参加。要求在招贴中展示出峰会的举办地点、时间，并对不同的信息进行分级、分区块排版，再进行创意性的文字设计，以突出视觉效果，参考效果如图4-44所示。

知识要点：将文字图层转换为形状图层；设置字符属性；设置段落属性。

素材位置：素材\第4章\招贴背景.jpg

效果位置：效果\第4章\科技峰会招贴.psd

高清彩图

图4-44 科技峰会招贴效果

具体操作步骤如下。

STEP 01 新建大小为"60厘米×80厘米"、分辨率为"100像素/英寸"、颜色模式为"RGB颜色"、名称为"科技峰会招贴"的文件。置入"招贴背景.jpg"素材，适当调整大小，作为背景使用。

视频教学：
课堂案例——制作科技峰会招贴

STEP 02 选择"横排文字工具" T ，在图像编辑区左上角输入"未来的世界"文字，在"字符"面板中设置字体、文字大小、字距、文字颜色分别为"方正兰亭准黑_GBK""190""100""白色"。然后选择【文字】/【转换为形状】命令，将文字图层转换为形状图层。

STEP 03 在工具箱中长按"路径选择工具" ，在打开的下拉列表框中选择"直接选择工具" ，在"未"字的边界处单击鼠标左键，可发现"未"字周围显示有多个锚点，在"未"字左下角的锚点上按住鼠标左键不放并向左下方拖曳，如图4-45所示。释放鼠标左键后发现文字的形状已经发生改变，如图4-46所示。

STEP 04 使用相同的方法继续调整"未"字的其他笔画以及"来"字的左下角，如图4-47所示。

图4-45 拖曳锚点　　图4-46 改变文字形状　　　　图4-47 调整文字形状

STEP 05 使用"直接选择工具" 单击"的"字的边界，然后将"的"左侧的正方形调整为菱形，如图4-48所示。

STEP 06 在"世"字的边界处单击鼠标左键，然后选择"钢笔工具" ，将鼠标指针移至图4-49所示位置，当鼠标指针变为 形状时，单击鼠标左键以添加锚点，再使用"直接选择工具" 将该锚点向左拖曳，此时线条变为曲线。可长按"钢笔工具" ，在打开的下拉列表框中选择"转换点工具" ，然后在拖曳的锚点处单击鼠标左键，使该锚点由平滑点转换为角点，前后的对比效果如图4-50所示。

图4-48 修改"的"字的形状　　图4-49 添加锚点　　　　图4-50 前后的对比效果

STEP 07 使用相同的方法继续修改"世界"文字的形状，如图4-51所示。

STEP 08 使用"横排文字工具" T 在图像编辑区右上角输入"科技峰会"文字，设置文字大小、字距分别为"68点""200"；再在其下方输入图4-52所示文字，设置文字大小、行距、字距分别为"32点""10点""50"，并单击"小型大写字母"按钮 Tr 。

图4-51 修改"世界"文字的形状　　　　图4-52 输入并设置文字（1）

STEP 09 使用"横排文字工具" **T**在图像编辑区左下角输入"6月6日14点至18点"文字，设置文字大小、字距分别为"60点""180"；再使用"直排文字工具" **IT**在图像编辑区左侧输入图4-53所示文字，设置文字大小、字距分别为"38点""1000"。

STEP 10 使用"直排文字工具" **IT**在图像编辑区右侧输入"EXPLORE"文字，设置字体、文字大小、字距分别为"Arial""250点""230"，并设置图层不透明度为"80%"。

STEP 11 使用"横排文字工具" **T**在"未来的世界"文字下方输入"2027"文字，设置字体、文字大小、字距分别为"汉仪双线体简""240点""230"，并应用"仿斜体"样式。完成后查看最终效果，如图4-54所示。按【Ctrl+S】组合键保存文件。

图4-53 输入并设置文字（2）　　　　图4-54 最终效果

4.2.4 设置段落属性

与设置字符属性相同，在"段落"面板中可以更加细致地调整段落文字的格式。选择【窗口】/【段落】命令，打开图4-55所示"段落"面板，在其中可设置对齐方式、缩进等格式。

● **对齐方式**：从左至右依次为左对齐■、居中对齐■、右对齐■、最后一行左对齐■、最后一行居中对齐■、最后一行右对

图4-55 "段落"面板

齐▇和全部对齐▇，单击相应按钮即可应用该对齐方式。图4-56所示为居中对齐的效果；图4-57所示为全部对齐的效果。

- 左/右缩进：用于设置段落文字左边/右边向内缩进的距离。

图4-56　居中对齐的效果　　　　图4-57　全部对齐的效果

- 首行缩进：用于设置每个段落首行的缩进值。图4-58所示为首行缩进56点的效果。
- 段前/段后添加空格：用于设置与前一段落或后一段落间的距离。
- 避头尾法设置：用于设置避免将标点符号放置在行首或行尾的位置，将自动调整部分文字的位置。图4-59所示为避头尾法设置的效果。

图4-58　首行缩进56点的效果　　　　图4-59　避头尾法设置的效果

- 间距组合设置：用于设置Photoshop预设的4种间距组合。
- "连字"复选框：勾选该复选框，可在一行末端断开的单词间添加连字标记。

4.2.5　将文字图层转换为普通图层

文字图层不能直接应用部分滤镜效果或使用绘画工具，需要先将文字栅格化，使文字变为图像后才能进行操作。其具体操作方法为：选择文字图层后，选择【图层】/【栅格化】/【文字】命令，或直接在文字图层上单击鼠标右键，在弹出的快捷菜单中选择"栅格化文字"命令，将文字图层转换为普通图层。需要注意的是，文字图层变为普通图层后，不能再修改文本内容以及设置字符和段落属性。

4.2.6　将文字图层转换为形状图层

若需要细致调整文字的形状，则在将文字图层转换为形状图层后，利用钢笔工具组和选择工具组进行调整。其具体操作方法为：选择文字图层后，选择【文字】/【转换为形状】命令，或在文字图层上单击鼠标右键，在弹出的快捷菜单中选择"转换为形状"命令，将文字图层转换为形状图层后，可拖曳文字周围的锚点进行调整。

> 🔔 **提示**
>
> 在调整文字形状时，使用"钢笔工具" 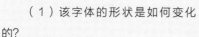可以添加或删除锚点；使用"转换点工具" 可以使锚点在角点和平滑点之间转换（其中平滑点可以生成平滑的曲线，角点可以生成直线）；使用"路径选择工具"可以移动整体锚点；使用"直接选择工具"可以直接拖曳单个或多个锚点。

技能提升

图4-60所示字体为在"方正粗倩简体"字体基础上进行变形的对比效果，分析该作品并进行练习。

高清彩图

（1）该字体的形状是如何变化的?

_____

_____

（2）综合利用本小节所学知识，尝试将自己的名字设计为艺术字体的样式，以增强对文字艺术效果的想象力。

图4-60　变形字体对比效果

4.3 课堂实训

4.3.1　制作企业宣传册内页

1. 实训背景

为了提高企业知名度，同时让企业的新职工清楚了解公司的核心文化与产品等，"明亮"灯具设计有限公司准备制作企业宣传册，图文并茂地介绍企业的主营业务和特色产品等，快速展示企业的相关信息。

2. 实训思路

（1）排版设计。在进行排版设计时，需要根据内容的主次将其放置在适当的位置，并调整文字的大小，使其具有层次感。另外，可在宣传册内页设计留白区域，以便在突出主体的同时能使画面给人一定的遐想空间。

（2）文字选择。文字内容可考虑展示企业简介和产品简介，字体可采用严肃端庄的"思源黑体_CN"，并为不同的内容设置不同的字符属性和段落属性。

（3）色彩搭配。该企业名称中的"明亮"有温暖的含义，因此主色调可采用偏暖的黄色，文字颜色可根据背景颜色采用白色或者黄色。

本实训的参考效果如图4-61所示。

图4-61　企业宣传册内页效果

高清彩图

素材所在位置：素材\第4章\灯具.jpg

效果所在位置：效果\第4章\企业宣传册内页.psd

✍ **设计素养**

企业宣传册通常以企业文化、企业产品为展示内容，是企业最形象的宣传形式之一。宣传册需要把企业的品牌文化与经济实力体现出来，介绍企业的文化，展示企业的实力，并描绘企业美好的前景等，用于吸引读者的眼球，提高读者对企业的关注度。

3．步骤提示

STEP 01 新建大小为"29.7厘米×21厘米"、分辨率为"300像素/英寸"、颜色模式为"CMYK颜色"、名称为"企业宣传册内页"的文件。

STEP 02 使用"矩形选框工具" ▦ 绘制多个矩形选区并填充颜色作为背景。然后置入"灯具.jpg"素材，放置在画面的左上角位置。

视频教学：
制作企业宣传册
内页

STEP 03 使用"横排文字工具" T 在内页左上角输入企业名称，然后在内页右侧以及图像下方输入企业的相关信息，分别调整字符属性和段落属性。

STEP 04 使用"横排文字工具" T 在内页左下角输入产品简介的信息，再使用"直排文字工具" IT 在产品简介的信息右侧输入"产品简介"文字。最后为相应的图层创建图层组以便管理。完成后查看最终效果，并按【Ctrl+S】组合键保存文件。

4.3.2 制作房地产广告

1．实训背景

"国际城市商区"楼盘即将开盘，房地产商准备制作相应的广告作为宣传，并在其中展示该楼盘的优势，以吸引更多有购房需求的人群前来咨询了解。

2．实训思路

（1）排版设计。广告背景可直接采用楼盘的实景图，放置于广告中间，然后在其上方展示楼盘的名称和优势等。按照人们的阅读习惯排列主次文案，可采用居中对齐使整体更加美观。另外，在最下方可放置咨询热线和售楼部的地址，以便消费者咨询，效果如图4-62所示。

（2）文字设计。为了使作为标题的文字更具设计感和吸引力，可适当调整其形状，并添加"投影"图层样式。

（3）装饰元素绘制。可在楼盘优势文字周围绘制矩形框，在起到装饰作用的同时使其在广告画面中突出显示；还可在中间的文字上绘制矩形条，并应用"投影"图层样式，使画面更具层次感。

本实训的参考效果如图4-63所示。

图4-62 排版设计

图4-63 房地产广告效果

高清彩图

素材所在位置： 素材\第4章\房地产广告背景.jpg、房地产广告文案.txt

效果所在位置： 效果\第4章\房地产广告.psd

3．步骤提示

STEP 01 新建大小为"500像素×700像素"、分辨率为"72像素/英寸"、颜色模式为"CMYK颜色"、名称为"房地产广告"的文件。置入"房地产广告背景.jpg"素材，作为背景使用。

STEP 02 使用"横排文字工具" T 在图像编辑区下方输入咨询热线和售楼部地

视频教学：
制作房地产广告

址，在图像编辑区上方输入楼盘名称和优势，分别调整字符属性和段落属性。

STEP 03 选择"国际城市商区"文字图层，将其转换为形状图层后选择"直接选择工具"，调整文字形状，再应用"投影"图层样式。

STEP 04 使用"矩形选框工具"绘制多个矩形框和线条，再在图像编辑区下方绘制一个矩形，并应用"投影"图层样式。完成后查看最终效果，并按【Ctrl+S】组合键保存文件。

4.4 课后练习

练习 1　制作美食画册内页

某蛋糕店打算为店铺中售卖的蛋糕制作美食画册，用于展示蛋糕的名称、外观和制作过程，以便通过此消费者测览，使其更好地了解相关信息。制作时可创建不同类型的文字，并设置不同的参数进行排版设计。本练习完成后的参考效果如图4-64所示。

素材所在位置：素材\第4章\蛋糕01.jpg、蛋糕02.jpg
效果所在位置：效果\第4章\美食画册内页.psd

高清彩图

图4-64　美食画册内页效果

练习 2　制作夏季新品广告

青绿旗舰店的夏季新品即将上线，为了让消费者快速了解新品的信息，需要制作夏季新品宣传广告，放在旗舰店首页进行宣传。制作标题文字时可先将文字图层转换为形状图层，然后调整文字的形状，使其更具美观度。本练习完成后的参考效果如图4-65所示。

素材所在位置： 素材\第4章\夏季新品广告\

效果所在位置： 效果\第4章\夏季新品广告.psd

图 4-65　夏季新品广告效果

高清彩图

第 **5** 章

绘制图像与图形

前面讲解了位图与矢量图的区别，在Photoshop CS6中使用相应的工具不仅能够绘制位图，而且能够绘制矢量图。另外，学习绘制图像与图形的相关知识，不仅可以制作出丰富多彩的图像效果，而且能在美化网页的同时提高图像处理能力。

▌📖 **学习目标**

　　◎ 掌握绘制图像的方法

　　◎ 掌握绘制图形的方法

▌◇ **素养目标**

　　◎ 提升绘图能力、提高绘图水平

　　◎ 提升对矢量路径的运用能力

▌◈ **案例展示**

风景插画封面效果

航天推文封面图效果

5.1 绘制图像

在Photoshop CS6中，可以使用画笔工具组和橡皮擦工具组绘制和擦除图像，还可以通过渐变工具调整图像色彩。

5.1.1 课堂案例——绘制风景插画封面

案例说明：××出版社准备出版一本名为《你眼中的风景》的图书，要求尺寸为"210毫米×291毫米"，封面采用手绘的风景插画，契合书籍主题，参考效果如图5-1所示。

知识要点：画笔工具；渐变工具；载入笔刷。

素材位置：素材\第5章\树干笔刷.abr、云朵笔刷.abr、飞鸟笔刷.abr

高清彩图

效果位置：效果\第5章\风景插画封面.psd

图5-1 风景插画封面效果

具体操作步骤如下。

STEP 01 新建大小为"210毫米×291毫米"、分辨率为"72像素/英寸"、颜色模式为"CMYK颜色"、名称为"风景封面插画"的文件。

视频教学：
课堂案例——绘制风景插画封面

STEP 02 选择"渐变工具" ▬，在工具属性栏中单击 ▬▬▬ 按钮，打开"渐变编辑器"对话框，在颜色条下方的左侧色标上单击鼠标左键，再单击"色标"栏中的颜色色块，在打开的对话框中设置颜色为"#89cce9"，重复操作，设置右侧色块颜色为"#cfebc8"，如图5-2所示。

STEP 03 渐变设置完成后，单击 ▭确定▭ 按钮，将鼠标指针移至图像编辑区上方，然后按住鼠标左键不放并向下拖曳一定距离后释放鼠标左键，效果如图5-3所示。

STEP 04 绘制云朵，需要载入云朵笔刷。选择"画笔工具" ✎，在工具属性栏中单击 ▥ 按钮，在打开的"画笔预设"下拉列表框中单击 ✿ 按钮，在弹出的下拉列表框中选择"载入画笔"命令，如图5-4所示。打开"载入"对话框，选择"云朵笔刷.abr"文件，单击 ▭载入(L)▭ 按钮。

STEP 05 在"画笔预设"下拉列表框中设置大小为"100像素"，找到载入的笔刷，选择第三个样式，然后新建图层并重命名为"云朵"，设置前景色为"白色"，在图像编辑区顶部按住鼠标左键不放并拖曳鼠标进行绘制，如图5-5所示。

STEP 06 新建图层并重命名为"文字背景"，使用"矩形选框工具" ▣ 在文字下方绘制一个矩形，并填充"#e39d5e"颜色，然后按【Ctrl+D】组合键取消选区。

STEP 07 新建图层并重命名为"草丛"，将其移至"文字背景"图层下方，然后选择"画笔工具" ![笔刷图标]，在工具属性栏中单击 ![图标] 按钮，在打开的"画笔预设"下拉列表框中选择"硬边圆"画笔选项，设置前景色为"#267338"，在橙色矩形上方单击鼠标左键以绘制多个圆，制作出草丛的效果，如图5-6所示。绘制时可通过【[】键缩小画笔大小，通过【]】键放大画笔大小。

STEP 08 新建图层并重命名为"树干"，将其移至"草丛"图层下方，载入"树干"笔刷，选择载入的笔刷后，设置前景色为"#885724"，然后使用"画笔工具" ![笔刷图标] 在草丛上方单击鼠标左键以绘制树干，绘制时适当调整画笔大小。

STEP 09 新建图层并重命名为"树叶"，将其移至"树干"图层下方，设置前景色为"#41a137"，然后使用"硬边圆"画笔绘制出图5-7所示效果，绘制时适当调整画笔大小。

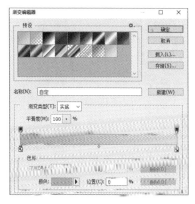

图5-2　设置渐变

图5-3　绘制渐变

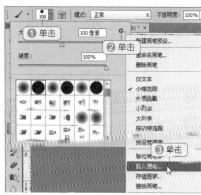

图5-4　载入笔刷

图5-5　绘制云朵

图5-6　绘制草丛

图5-7　绘制树木

STEP 10 复制"树干"和"树叶"图层，统一调整所复制图层的大小。选择"树叶 副本"图层，在"锁定"栏中单击"锁定不透明度"按钮 ![图标]，设置前景色为"#70bd5d"，按【Alt+Delete】组合键填充前景色，并修改树叶的颜色。

STEP 11 使用相同的方法复制3次"树干"和"树叶"图层，将"树叶"图层的颜色修改为"#70bd5d"，效果如图5-8所示。再选择所有树木的图层创建为"树木"图层组。

STEP 12 载入"飞鸟"笔刷，选择飞鸟形状的笔刷后，设置前景色为"黑色"，在图像编辑区中单击鼠标左键以绘制图5-9所示飞鸟，绘制时适当调整画笔大小。

STEP 13 选择"横排文字工具" T，设置字体为"方正小标宋简体"，在图像编辑区中输入"你眼中的风景""刘铭杨 著""××出版社"文字，适当调整文字大小和位置。完成后查看最终效果，如图5-10所示。按【Ctrl+S】组合键保存文件。

图5-8　复制树木

图5-9　绘制飞鸟

图5-10　最终效果

5.1.2　画笔工具组

Photoshop CS6中提供了画笔工具组用于绘制图像，用户可在其中选择合适的工具进行绘制，或修改图像中的像素。

1. 画笔工具

"画笔工具" 是绘制图像的常用工具之一，可使用前景色绘制各种线条。"画笔工具" 的工具属性栏如图5-11所示，在其中可设置画笔的样式、模式等。

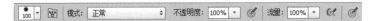
图5-11　画笔工具的工具属性栏

- "画笔预设"按钮 ：单击该按钮，打开"画笔预设"下拉列表框，在其中可设置笔尖形状、画笔大小和硬度等。还可单击下拉列表框右上角的 按钮，在弹出的下拉列表框中进行复位画笔和载入画笔等操作。
- "模式"下拉列表框：用于设置绘制图像与下方图像像素的混合模式。图5-12所示为使用"溶解"混合模式绘制的效果；图5-13所示为使用"强光"混合模式绘制的效果。

图5-12　使用"溶解"混合模式绘制的效果

图5-13　使用"强光"混合模式绘制的效果

- "不透明度"数值框：用于设置画笔绘制颜色的不透明度。图5-14所示为不透明度为"80%"的绘制效果；图5-15所示为不透明度为"40%"的绘制效果。

图5-14 不透明度为"80%"的绘制效果 图5-15 不透明度为"40%"的绘制效果

- "不透明度压感设置"按钮 ：单击该按钮，在使用压感笔时，压感笔的即时数据将自动覆盖"不透明度"设置。
- "流量"数值框：用于设置将鼠标指针移动到某个区域时，快速应用颜色的速率。其效果与不透明度类似，但不断在同一区域拖曳鼠标进行涂抹，将增加该区域的颜色深度。
- "喷枪"按钮 ：单击该按钮，将开启喷枪模式，并根据按住鼠标左键的次数确定画笔笔迹的深浅。
- "大小压感设置"按钮 ：单击该按钮，在使用压感笔时，压感笔的即时数据将自动覆盖"大小"设置。

🔗 资源链接

若需要更加细致地调整画笔参数，则选择【窗口】/【画笔】命令或按【F5】键，打开"画笔"面板，其中的具体参数可扫描右侧的二维码查看。

扫码看详情

2．铅笔工具

"铅笔工具" 与"画笔工具" 都用于绘制图像，但"铅笔工具" 绘制出的线条效果更为硬朗，如图5-16所示。"铅笔工具" 的工具属性栏也与"画笔工具" 的工具属性栏基本相同。不同的是，勾选"铅笔工具" 的工具属性栏中的"自动抹除"复选框后，将鼠标指针移至包含前景色的区域，可将该区域涂抹为背景色；反之可将该区域涂抹为前景色。需要注意的是，该功能只能作用于原始图像，在新建图层中涂抹将不会产生该效果。

图5-16 画笔工具和铅笔工具的效果对比

3.颜色替换工具

"颜色替换工具" 主要用于使用前景色替换图像中特定的颜色。其操作方法为：选择"颜色替换工具" ，设置需要替换的前景色，将鼠标指针移至图像中需要替换的区域，当鼠标指针变为 ⊕ 形状时，按住鼠标左键不放并拖曳鼠标即可。图5-17所示为使用"颜色替换工具" 改变衣服颜色的效果。

图5-17 替换衣服颜色

4.混合器画笔工具

使用"混合器画笔工具" 可以混合下方图像像素的颜色和画笔的颜色，并绘制出使用不同湿度的颜料涂抹所产生的效果。其操作方法为：选择"颜色替换工具" ，在工具属性栏中设置画笔潮湿度、混合比例等参数后，在图像中进行涂抹。

5.1.3 橡皮擦工具组

当图像中出现多余的像素或绘制的图像出现错误时，可使用橡皮擦工具组中的工具对图像进行涂抹，以擦除其中的像素。

1.橡皮擦工具

"橡皮擦工具" 主要用于擦除当前图像中的像素。其操作方法为：选择"橡皮擦工具" ，在工具属性栏中设置模式、不透明度和流量等参数，然后在图像中进行涂抹，擦除掉的像素不能恢复。擦除普通图层时，擦除的区域将变为透明，如图5-18所示；擦除背景图层时，将以背景色填充擦除的区域，如图5-19所示。

图5-18 擦除普通图层

图5-19 擦除背景图层

2. 背景橡皮擦工具

使用"背景橡皮擦工具" ![icon] 擦除图像时，可以不断吸取涂抹区域的颜色作为背景色，以达到擦除背景图像的目的。其操作方法为：选择"背景橡皮擦工具" ![icon] ，在工具属性栏中设置颜色取样方式、限制等参数，然后在图像中进行涂抹。设置取样方式为"连续"时，可随着鼠标拖曳连续采取色样；设置为"一次"时，将只抹除第一次选择的颜色的区域；设置为"背景色板"时，将只抹除包含当前背景色的区域。图5-20所示为设置取样方式为"一次"，并取样背景颜色后擦除的效果。

3. 魔术橡皮擦工具

使用"魔术橡皮擦工具" ![icon] 可以根据像素的颜色来擦除图像，类似于"魔棒工具" ![icon] 与"橡皮擦工具" ![icon] 的结合。其操作方法为：选择"魔术橡皮擦工具" ![icon] ，在图像中需要擦除的颜色处单击鼠标左键，与其相似的颜色都将被擦除，如图5-21所示。

图5-20　使用背景橡皮擦工具擦除图像　　　　图5-21　使用魔术橡皮擦工具擦除图像

5.1.4　渐变工具

使用"渐变工具" ![icon] 可以绘制出多种颜色渐变的效果，在其工具属性栏中可设置渐变颜色、渐变样式等，如图5-22所示。

图5-22　渐变工具的工具属性栏

- ![按钮] 按钮：单击该按钮，可打开图5-23所示"渐变编辑器"窗口。在其中可选择预设选项，或自定义渐变颜色。另外，单击该按钮右侧的 ![icon] 按钮，可在打开的下拉列表框中快速选择渐变预设选项。

- ![按钮] 按钮：用于调整渐变样式的方向，从左至右依次为线性、径向、角度、对称和菱形渐变，单击相应按钮可应用该样式。图5-24所示为径向渐变的效果；图5-25所示为角度渐变的效果；图5-26所示为对称渐变的效果；图5-27所示为菱

图5-23　"渐变编辑器"窗口

形渐变的效果。

- "反向"复选框：勾选该复选框，可将渐变颜色的顺序反转。

图5-24　径向渐变的效果　　图5-25　角度渐变的效果　　图5-26　对称渐变的效果　图5-27　菱形渐变的效果

- "仿色"复选框：勾选该复选框，可使用递色法使渐变颜色之间的过渡更加自然。
- "透明区域"复选框：勾选该复选框，可创建包含透明像素的渐变色彩。

🔔 **提示**

　　"渐变编辑器"对话框中颜色条上方的色标代表不透明度，下方的色标代表颜色。在颜色条下方的色标上双击鼠标左键可打开拾色器(色标颜色)设置颜色；单击鼠标左键可激活"色标"栏，并在其中设置颜色、不透明度和位置。

技能 提升

　　图5-28所示为在Photoshop中绘制的一张背景图像，请结合本小节所讲知识，回答以下问题。

　　（1）该图像中的效果可通过本小节介绍的哪些工具达到？

_____

　　（2）图中的渐变圆球使用了哪种渐变类型？

_____

　　（3）该图像可以应用到哪些领域？

_____

_____

_____

高清彩图

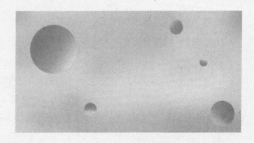

图5-28　背景图像

5.2

绘制图形

Photoshop CS6中同样提供了多种工具用于绘制矢量图形，用户可根据需要在"形状"绘图模式下选择合适的工具绘制规则或不规则图形。

5.2.1 课堂案例——绘制相机 App 图标

案例说明：某公司新开发了一款相机App（Application，软件），需要为其制作图标并上传到应用商店中。制作时可直接以相机的形状作为主体，参考效果如图5-29所示。

知识要点：圆角矩形工具；椭圆工具；矩形工具。

效果位置：效果\第5章\游戏App图标.psd

具体操作步骤如下。

图5-29 相机App图标效果

高清彩图

视频教学：课堂案例——绘制相机 App 图标

STEP 01 新建大小为"200像素×200像素"、分辨率为"72像素/英寸"、颜色模式为"RGB颜色"、背景颜色为"白色"、名称为"相机App图标"的文件。

STEP 02 选择"圆角矩形工具" ，在工具属性栏的"填充"下拉列表框中先单击 按钮，再单击右侧的 按钮，在打开的"拾色器（填充颜色）"对话框中设置颜色为"#bdbdb1"，单击 确定 按钮完成设置，返回工具属性栏。再单击"填充"下拉列表框右侧的"描边"下拉列表框中的 按钮，取消描边。

STEP 03 将鼠标指针移至图像编辑区，单击鼠标左键打开"创建圆角矩形"对话框，设置参数如图5-30所示。然后单击 确定 按钮创建圆角矩形作为相机的主体形状，效果如图5-31所示。

STEP 04 使用"圆角矩形工具" 创建一个填充颜色相同，无描边且宽度、高度、半径分别为"24像素、12像素、2像素"的圆角矩形，并将其移至步骤03创建的圆角矩形右上方，效果如图5-32所示。

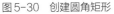

图5-30 创建圆角矩形

图5-31 圆角矩形效果

图5-32 效果展示

STEP 05 选择"矩形工具" ，设置填充颜色为"#ef4e73"，取消描边，然后创建一个宽度、高度分别为"170像素、46像素"的矩形，如图5-33所示。

STEP 06 选择"椭圆工具" ，设置填充颜色为"#4a4650"，描边颜色为"白色"，描边宽度为"5像素"，按住【Shift】键不放，在画面中按住鼠标左键不放并拖曳鼠标，绘制正圆图形，释放鼠标左键即可完成绘制，然后使用"移动工具" 将其移至画面中间，如图5-34所示。若绘制的形状过大或过小，则按【Ctrl+T】组合键进入自由变换状态，然后进行调整。

STEP 07 选择"椭圆工具" ，设置填充颜色为"白色"，取消描边，先在正圆的左上角绘制一个较小的正圆，再在相机的左上角绘制一个正圆，然后使用"圆角矩形工具" ⬛ 在相机左上角正圆的右侧绘制一个圆角矩形，效果如图5-35所示。

图5-33 创建矩形　　　　图5-34 绘制正圆并调整位置　　　　图5-35 效果展示

STEP 08 选择步骤06绘制的正圆所在图层，为其添加"投影"图层样式，设置图5-36所示参数，增加立体感。完成后查看最终效果，如图5-37所示。按【Ctrl+S】组合键保存文件。

图5-36 设置投影　　　　　　　　　图5-37 最终效果

> 🔔 **提示**
>
> 与创建选区的方法类似，按住【Shift】键或【Alt】键不放绘制图形，可以直接在该图形的基础上添加或减少图形。但绘制时注意需松开按键，否则只能绘制比例为1:1或以单击处为中心的图形。

5.2.2 形状工具组

Photoshop CS6中提供了形状工具组用于绘制具有特殊形状的图形，且形状工具组内工具的使用方法都类似。选择工具后，设置绘图模式为"形状"，然后在图像编辑区按住鼠标左键不放并拖曳鼠标绘制相应图形。

1. 矩形工具、圆角矩形工具与椭圆工具

"矩形工具" ⬛、"圆角矩形工具" ⬛ 和"椭圆工具" ⬭ 分别用于创建矩形、圆角矩形和椭圆形状，在工具属性栏中可设置填充、描边等参数。图5-38所示为矩形工具的工具属性栏。

图5-38 矩形工具的工具属性栏

- "形状"下拉列表框：在该下拉列表框中可选择形状、路径和像素3种绘图模式。选择"形状"绘图模式时，绘制的图形将位于一个单独的形状图层中，可以方便地移动、对齐、分布以及调整大小，还可以设置形状的填充、描边等；选择"路径"绘图模式时，可在当前图层中绘制路径，然后使用它创建选区或矢量蒙版，或者使用颜色填充和描边命令创建图形；选择"像素"绘图模式

时，可直接在图层上绘制，而不会创建形状图层，与"画笔工具" ✐ 类似，在此绘图模式中只能使用形状工具组。

- "填充"下拉列表框：用于设置绘制形状的填充颜色。在"填充"下拉列表框（见图5-39）中单击"无颜色"按钮☑可取消填充；单击"纯色"按钮■可选择填充最近使用的颜色或预设颜色；单击"渐变"按钮■可填充渐变色，效果如图5-40所示；单击"图案"按钮▨可填充图案，效果如图5-41所示；单击"拾色器"按钮□可在打开的对话框中自定义颜色进行填充。

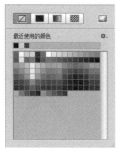
图5-39　"填充"下拉列表框

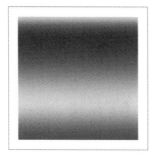
图5-40　填充渐变色

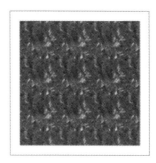
图5-41　填充图案

- 描边参数：用于设置绘制形状的描边颜色与样式，"描边"下拉列表框与"填充"下拉列表框相同。
- "▭▭▭"按钮：单击该按钮可设置描边宽度。
- "▭▭▭"按钮：单击该按钮可在打开的下拉列表框中设置描边类型，在其中单击 更多选项 按钮可进行更细致的设置。
- "W"/"H"数值框：用于设置绘制形状的宽度和高度，单击之间的"链接"按钮 ⓒ 可锁定形状的宽高比。
- "路径操作"按钮▣：单击该按钮，可在弹出的下拉列表框中设置绘制形状的运算方法，与选区的运算类似。
- "路径对齐方式"按钮▤：单击该按钮，可在弹出的下拉列表框中设置绘制形状的对齐与分布方式。
- "路径排列方式"按钮▥：单击该按钮，可在弹出的下拉列表框中设置绘制形状的堆叠顺序。
- "设置"按钮✿：单击该按钮，可打开图5-42所示下拉列表框，单击选中"不受约束"单选项，可绘制任意大小的形状；单击选中"方形"单选项，可绘制任意大小的正方形或圆形；单击选中"固定大小"单选项，可在其右侧的数值框中输入宽度和高度值，然后创建该尺寸的形状；单击选中"比例"单选项，可在后面的数值框中输入宽度和

图5-42　"设置"下拉列表框（1）

高度值，创建矩形时将始终保持该比例值；勾选"从中心"复选框，将以鼠标单击处为形状中心开始绘制。

- "对齐边缘"复选框：勾选该复选框，可使矢量图形的边缘与像素网格对齐。

2. 多边形工具

"多边形工具" ⬡ 可用于创建正多边形和星形。选择该工具后，在工具属性栏中可设置多边形边数；单击"设置"按钮✿，打开图5-43所示下拉列表框，在其中可设置更多参数。

- "半径"数值框：用于设置绘制形状的半径。
- "平滑拐角"复选框：勾选该复选框，将创建有平滑拐点效果的形状，如图5-44所示。

图5-43 "设置"下拉列表框（2）

- "星形"复选框：勾选该复选框，可绘制星形，并激活相关属性的设置。
- "缩进边依据"数值框：用于设置星形的缩进距离。图5-45所示为"30%"缩进距离的效果；图5-46所示为"80%"缩进距离的效果。

图5-44　平滑拐点效果　　　图5-45 "30%"缩进距离的效果　　　图5-46 "80%"缩进距离的效果

- "平滑缩进"复选框：单击选中该复选框，绘制的星形每条边将向中心缩进，并且使边缘圆滑。

3. 直线工具

"直线工具" ／用于绘制直线或带有箭头的线段，在工具属性栏中可设置直线的粗细；单击"设置"按钮，打开图5-47所示下拉列表框，在其中可设置更多参数。

图5-47 "设置"下拉列表框（3）

- "起点" / "终点"复选框：勾选相应的复选框，可为绘制直线的起点或终点添加箭头。
- "宽度" / "长度"数值框：用于设置箭头宽度/长度与直线宽度的百分比。图5-48所示为"400%"宽度的效果；图5-49所示为"600%"宽度的效果。
- "凹度"数值框：用于设置箭头尾部的凹陷程度。该数值为0时，箭头尾部平齐；该数值大于0时，箭头尾部将向内凹陷，如图5-50所示；该数值小于0时，箭头尾部将向外凸起，如图5-51所示。

图5-48 "400%"宽度　　图5-49 "600%"宽度　　图5-50 "-50%"凹度　　图5-51 "50%"凹度
　　的效果　　　　　　　的效果　　　　　　　的效果　　　　　　　的效果

4. 自定形状工具

"自定形状工具" 用于创建Photoshop CS6预设的形状图形，在工具属性栏的"形状"下拉列表框（见图5-52）中可选择形状进行绘制。单击右上角的"设置"按钮，在弹出的下拉列表框中可选择其他类型的形状组。图5-53所示为"自然"形状组；图5-54所示为"装饰"形状组。

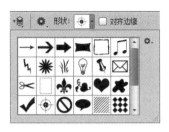

图5-52 "形状"下拉列表框

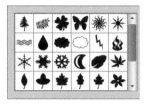

图5-53 "自然"形状组

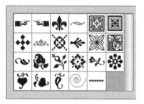

图5-54 "装饰"形状组

提示

在"形状"下拉列表框中单击"设置"按钮 ✿，在弹出的下拉列表框中还可选择"载入形状"命令导入外部的形状文件，与"载入画笔"命令同理。

5.2.3 课堂案例——制作航天推文封面图

案例说明：2023年"中国航天日"的主题为"航天点亮梦想"。某科普类公众号准备推送一篇推文以普及航天知识，需要制作符合航天主题的封面图，可绘制火箭作为主体，并添加相应的装饰，参考效果如图5-55所示。

知识要点：钢笔工具；自由变换路径；填充路径；多边形工具。

素材位置：素材\第5章\星球素材.psd

效果位置：效果\第5章\航天推文封面图.psd

高清彩图

视频教学：
课堂案例——制作航天推文封面图

图5-55 航天推文封面图效果

具体操作步骤如下。

STEP 01 新建大小为"600像素×600像素"、分辨率为"72像素/英寸"、颜色模式为"RGB颜色"、背景颜色为"白色"、名称为"航天推文封面"的文件。选择【视图】/【显示】/【网格】命令，以便更加精确地进行绘制。

STEP 02 选择"钢笔工具" ✐，在图像编辑区中单击鼠标左键以创建锚点，然后将鼠标指针移至该锚点右上角单击鼠标左键，按住鼠标左键不放并向右拖曳鼠标创建曲线，如图5-56所示。

STEP 03 将鼠标指针移至第一个锚点右侧，单击鼠标左键以创建锚点，如图5-57所示。按住【Alt】键不放并单击右侧的锚点，将其转换为角点，以便绘制直线，将鼠标指针移至左侧的锚点处，当鼠标指针变为 ◇。形状时，单击鼠标左键以闭合路径，如图5-58所示。

STEP 04 新建图层，在绘制的路径上方单击鼠标右键，在弹出的快捷菜单中选择"填充路径"命令，在打开的"填充路径"对话框的"使用"下拉列表框中选择"颜色"选项，在打开的对话框中设置颜色为"#2c4352"，然后单击 确定 按钮返回"填充路径"对话框，继续单击 确定 按钮。再单击鼠标右键，在弹出的快捷菜单中选择"删除路径"命令，效果如图5-59所示。

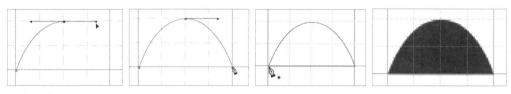

图5-56　创建曲线　　图5-57　创建锚点　　图5-58　闭合路径　　图5-59　填充并删除路径

STEP 05 新建图层，使用相同的方法绘制图5-60所示路径，为其填充"#fbc042"颜色，再删除路径。

STEP 06 新建图层，在步骤05绘制的图形下方按梯形的4个顶点依次单击鼠标左键创建锚点，绘制路径，闭合路径后为路径填充"#2c4352"颜色，如图5-61所示。每次绘制好图形后，都需要删除路径。使用相同的方法在其下方绘制图5-62所示梯形路径，为路径填充"#f99619"颜色。选择【视图】/【显示】/【网格】命令，隐藏网格。

STEP 07 选择"椭圆工具" ⬤，设置填充颜色为"#2c4352"，在步骤05绘制的图形下方绘制一个椭圆，选择"矩形工具" ▢，按住【Alt】键不放，在椭圆下方绘制矩形以裁剪椭圆，如图5-63所示。在"图层"面板中将"椭圆 1"图层移至"背景"图层上方。

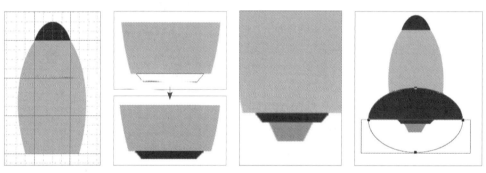

图5-60　绘制路径　　图5-61　绘制梯形（1）　　图5-62　绘制梯形（2）　　图5-63　裁剪椭圆

STEP 08 新建图层，选择"钢笔工具" ✎，在火箭图形下方绘制火焰的形状，为路径填充"#f99619"颜色，如图5-64所示。按【Ctrl+T】组合键进入自由变换状态，利用变换框调整路径的大小，如图5-65所示。然后新建图层，为路径填充"#fbc042"颜色。

STEP 09 使用相同的方法再次调整路径的大小，新建图层后为路径填充"白色"，效果如图5-66所示。然后删除路径。

🔔 提示

　　新建图层并绘制路径后，可在新建的图层上对该路径进行无数次填充或描边，而不需要再次绘制相同形状的路径。

STEP 10 选择"椭圆工具" ⬤，设置填充颜色为"白色"，描边颜色为"#567fe8"，描边宽度为"8点"，按住【Shift】键不放在火箭上方绘制一个正圆。选择"直线工具" ╱，设置宽度为"8点"，在正圆下方绘制一条直线，如图5-67所示。

STEP 11 将火箭的所有图层创建为图层组，并重命名为"火箭"。然后复制该图层组，展开复制的图层组，选择并修改蓝色正圆的描边宽度为"2点"，并将其适当缩小放置于画面的右下角。

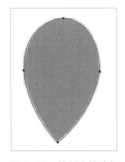 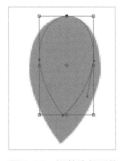  

图5-64 绘制火焰路径　　图5-65 调整路径形状　　图5-66 填充路径　　图5-67 绘制正圆和直线

STEP 12 选择"背景"图层，然后选择"渐变工具" ，设置渐变颜色为"#b67497 ~ #9069ab ~ #6589ba"，渐变样式为"线性渐变"，在图像编辑区左上角按住鼠标左键不放并向右下角拖曳填充渐变。

STEP 13 选择"横排文字工具" ，设置字体为"方正毡笔黑简体"，字体大小为"60点"，文字颜色为"白色"，在画面中输入图5-68所示文字，设置文字加粗显示并应用"机械"图层样式，设置描边颜色和大小均为"2像素"。

STEP 14 选择"多边形工具" ，在工具属性栏中设置填充颜色为"#1b0042"，取消描边，单击"设置"按钮 ，在打开的下拉列表框中勾选"平滑拐角"和"星形"复选框，并设置缩进边依据为"50%"，然后在画面中绘制多个五角星作为装饰。

STEP 15 打开"星球素材.psd"文件，将其中的星球图像拖曳至"航天推文封面"文件中，适当调整大小和位置。完成后查看最终效果，如图5-69所示。按【Ctrl+S】组合键保存文件。

图5-68 输入文字　　　　　　　　　图5-69 最终效果

5.2.4 认识路径和锚点

路径可以根据线条的类型分为直线路径和曲线路径，也可以根据起点与终点的位置分为开放路径和闭合路径。路径主要由曲线或直线、锚点和控制柄组成，如图5-70所示。

- 锚点：线段之间连接的点。锚点显示为黑色实心时，表示该锚点为选择状态，可以进行编辑；显示为空心时，表示该锚点未被选中，不能编辑。路径中的锚点主要有平滑点、角点两种类型。其中平滑点可以形成曲线，如图5-71所示；角点可以形成直线或转角曲线，如图5-72所示。

● 控制柄：选择平滑点时，该锚点上将出现控制柄。控制柄用于调整直线或曲线的位置、长短和弯曲度等。

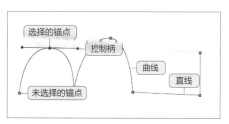

图5-70　路径

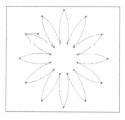

图5-71　平滑点

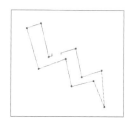

图5-72　角点

🔗 资源链接

在Photoshop CS6中绘制的路径都将显示在"路径"面板中。选择【窗口】/【路径】命令可打开"路径"面板，其具体内容可扫描右侧的二维码查看。

扫码看详情

5.2.5　钢笔工具组

钢笔工具组是Photoshop CS6中常用的路径绘制工具，能够较自由地绘制并编辑丰富的路径，在抠图操作中也有着较为重要的作用。

1. 钢笔工具

使用"钢笔工具" ✍可以绘制直线和曲线，其绘制方法也不同。

● 绘制直线：在图像编辑区中单击鼠标左键可产生锚点，连续单击鼠标左键可在生成的锚点之间绘制一条直线，如图5-73所示。

● 绘制曲线：在图像编辑区中按住鼠标左键不放并拖曳鼠标，可生成带控制柄的锚点，释放鼠标左键，继续在其他位置按住鼠标左键不放并拖曳鼠标，可创建第2个锚点，并在两个锚点之间生成曲线，如图5-74所示。

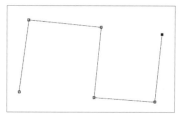

图5-73　绘制直线

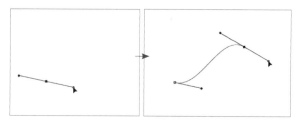

图5-74　绘制曲线

要结束绘制一段开放式路径，可以按住【Ctrl】键，将"钢笔工具" ✍转换为"直接选择工具" ▶，然后在画面空白处单击鼠标左键；也可以选择其他工具；还可以直接按【Esc】键。

在使用"钢笔工具"  绘制路径时,按住【Alt】键在锚点上单击鼠标左键可使其在角点和平滑点之间转换,以便绘制直线和曲线并存的路径。

在"钢笔工具"  的工具属性栏中可直接进行转换路径、调整路径等操作,如图5-75所示。

图5-75 钢笔工具的工具属性栏

- "建立"按钮组 选区... 蒙版 形状 :单击相应按钮,可将路径转换为选区、蒙版或形状。
- "设置"按钮 :单击该按钮,在打开的下拉列表框中勾选"橡皮带"复选框,可在移动鼠标指针时预览单击两次鼠标左键创建锚点所形成的路径线段。
- "自动添加/删除"复选框:勾选该复选框,将鼠标指针移动到路径上时,鼠标指针变为 ,形状,单击鼠标左键可以直接添加锚点;将鼠标指针移动到路径上的锚点处时,鼠标指针变为 ,形状,单击鼠标左键可以直接删除锚点。

使用"钢笔工具" 将鼠标指针移动至路径的起始点处,当鼠标指针变为 ,形状时,单击鼠标左键可闭合路径;若当前绘制的路径是一个未闭合的路径,则将鼠标指针移动至另一条未闭合的路径的端点上,当鼠标指针变为 ,形状时,在端点上单击鼠标左键可将两条路径连接成一条路径。

2. 自由钢笔工具

选择"自由钢笔工具" 后,可以直接在图像编辑区中按住鼠标左键不放并拖曳鼠标来绘制路径,并自动为路径添加锚点,释放鼠标左键即绘制完成。选择"自由钢笔工具" 后,在工具属性栏中单击"设置"按钮 ,打开图5-76所示下拉列表框,在其中可设置其他参数。

- "曲线拟合"数值框:用于设置绘制路径时,鼠标指针在图像编辑区中移动的灵敏度。该数值越大,自动生成的锚点越少,路径也就越平滑。

图5-76 "设置"下拉列表框(4)

- "磁性的"复选框:勾选该复选框,可将"自由钢笔工具" 转换为"磁性钢笔工具",并激活下方4个属性。"磁性钢笔工具"的使用方法与"磁性套索工具"类似,在图像编辑区中单击鼠标左键并拖曳鼠标,可沿鼠标指针的移动轨迹绘制路径,如图5-77所示。

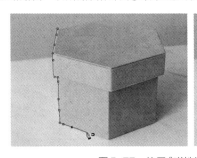

图5-77 使用"磁性钢笔工具"绘制路径

- "宽度"数值框：用于设置工具的检测范围，只有在设置范围内的图像边缘才会被检测到。该数值越大，工具的检测范围越大。
- "对比"数值框：用于设置工具对于图像边缘像素的敏感度。
- "频率"数值框：用于设置绘制路径时产生锚点的频率。该数值越大，产生的锚点越多。
- "钢笔压力"复选框：勾选该复选框后，可以根据压感笔的压力自动更改工具的检测范围。

3. 其他工具

选择"添加锚点工具" 📐，将鼠标指针移至路径上并单击鼠标左键，可以添加锚点；选择"删除锚点工具" 📐，将鼠标指针移至锚点上并单击鼠标左键，可以删除该锚点；选择"转换点工具" ▶，将鼠标指针移至锚点上并单击鼠标左键，可以使锚点在平滑点和角点之间转换。

5.2.6 编辑路径和锚点

完成路径绘制后，若绘制的效果不符合需求，则可使用工具编辑路径和锚点。

1. 编辑路径

选择"路径选择工具" ▶，将鼠标指针移动到路径上并单击鼠标左键，可选中整个路径以及路径上的所有锚点，在其上按住鼠标左键不放并拖曳鼠标可移动该路径，如图5-78所示；也可按【Ctrl+T】组合键进入自由变换状态，调整周围的变换框以改变路径形状，如图5-79所示。要删除路径，可直接在选择路径后按【Delete】键。

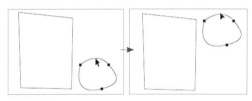

图5-78　移动路径

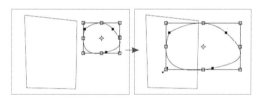

图5-79　自由变换路径

> **提示**
>
> 要选择多段连续的路径,可按住【Shift】键;要选择多段不连续的路径,可按住【Ctrl】键。另外,要复制路径,可选择路径后在按住【Alt】键的同时按住鼠标左键不放并拖曳鼠标。

2. 编辑锚点

选择"直接选择工具" ▶，先在路径上单击鼠标左键以显示所有锚点，然后在需要编辑的锚点处单击即可选择该锚点，按住鼠标左键不放并拖曳鼠标可移动该锚点，如图5-80所示；选择锚点后，调整控制柄的长度和方向，可以控制路径的形状，绘制出更加理想的曲线，如图5-81所示。

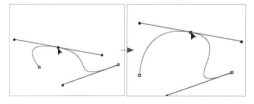

图5-80　移动锚点

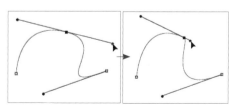

图5-81　调整控制柄

疑难解答 如何显示或隐藏绘制好的路径？

绘制好的路径，可根据需要进行显示或隐藏。其操作方法为：在"路径"面板中选择路径，可显示选择的路径；若需要隐藏路径，则可在"路径"面板之外的任意位置单击鼠标左键，或按【Ctrl+Shift+H】组合键。

5.2.7 填充与描边路径

绘制完成路径后，还可以对路径进行填充与描边操作，以制作出各种效果的图像。

1. 填充路径

填充路径与填充选区类似。选择路径后，单击鼠标右键，在弹出的快捷菜单中选择"填充路径"命令，将打开图5-82所示"填充路径"对话框。在其中可设置填充内容、混合和渲染等参数，设置羽化半径可在填充时调整路径边缘的柔和程度。图5-83所示为羽化半径为"20像素"的填充效果。

图5-82 "填充路径"对话框

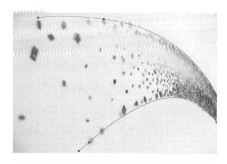

图5-83 羽化半径为"20像素"的填充效果

2. 描边路径

描边路径可以使用画笔工具、修饰工具等工具沿着路径边缘进行描边。其操作方法为：选择路径后，单击鼠标右键，在弹出的快捷菜单中选择"描边路径"命令，打开"描边路径"对话框，在其中的"工具"下拉列表框中选择需要的描边工具选项后，单击 确定 按钮。图5-84所示为使用"画笔"选项描边的效果；图5-85所示为使用"橡皮擦"选项描边的效果。

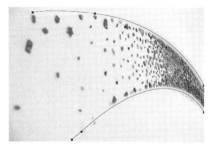

图5-84 使用"画笔"描边的效果

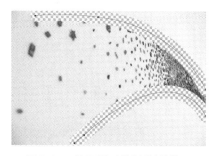

图5-85 使用"橡皮擦"描边的效果

> 🔔 **提示**
>
> 　　填充或描边路径时，可以先将路径转换为选区，再按选区的编辑方法进行填充、描边等操作。其操作方法为：选择路径后，在"路径"面板下方单击"将路径作为选区载入"按钮 ⬚，或在图像编辑区中的路径上单击鼠标右键，在弹出的快捷菜单中选择"建立选区"命令，打开"建立选区"对话框，在其中设置羽化半径等参数后，单击 ▆确定▆ 按钮，然后使用填充或描边选区命令即可。

5.2.8 　存储路径

　　在Photoshop CS6中，默认情况下绘制的路径都将作为一个对象放置在"路径"面板中，并以"工作路径"为名称显示。而"工作路径"只是一种临时的路径，此时需要存储路径以避免误删。其操作方法为：在"路径"面板中的工作路径名称上双击鼠标左键，打开"存储路径"对话框，在"名称"文本框中输入名称，单击 ▆确定▆ 按钮，即可将路径存储在文件中，以便随时进行编辑。

5.2.9 　对齐与分布路径

　　若需要将绘制的路径按照一定的规律对齐分布，则在钢笔工具组或选择工具组中工具的工具属性栏中单击"路径对齐方式"按钮 ▦，在弹出的下拉列表框中将显示图5-86所示对齐与分布方式。其中大多数与图层的对齐方式类似，此处不再赘述。

- ● 按宽度均匀分布：将选择的路径按总宽度均匀分布，如图5-87所示。
- ● 按高度均匀分布：将选择的路径按总高度均匀分布，如图5-88所示。
- ● 对齐到选区/画布：将选择的路径以路径或画布为基准对齐与分布。

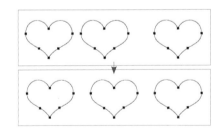
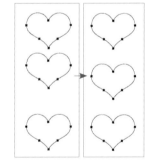

图5-86　对齐与分布方式　　　　　图5-87　按宽度均匀分布　　　　　图5-88　按高度均匀分布

5.2.10 　路径的运算

　　路径的运算与选区的运算类似。通过路径的运算，可以快速从已绘制好的路径中获得需要的部分。在钢笔工具组或选择工具组中的工具的工具属性栏中单击"路径操作"按钮 ▦，在弹出的下拉列表框中选择相应命令进行运算，如图5-89所示。其中各选项的作用如下。

- 合并形状：用于将两个路径合并为一个路径。
- 减去顶层形状：用于将两个路径堆叠为顶层的路径，全部减去。
- 与形状区域相交：可只保留两个路径区域重合的部分。
- 排除重叠形状：用于排除两个路径相交的部分。

图5-89 运算命令

技能提升

钢笔工具除了可用于绘制图形外，还常用于抠取较为复杂的图像。其操作方法为：使用钢笔工具在需要抠取的主体物上绘制路径，然后将绘制的路径转换为选区，最后使用编辑选区的方法抠图。

高清彩图

图5-90所示为拍摄的照片（素材位置：素材\第5章\照片.jpg），请结合本小节所讲知识，利用创建与编辑路径的方法将手的部分抠取出来。

图5-90 照片

5.3

课堂实训

5.3.1 制作 App 开屏页

1. 实训背景

大雪是二十四节气中的第21个节气，同时也是反映气候特征的一个节气。临近该节气，"乐记"App准备制作与"大雪"相关的开屏页，以便让更多人感受到传统节气的魅力，从而推广我国的传统文化。

2. 实训思路

（1）背景设计。"大雪"给人的感受是寒冷，因此背景可采用颜色偏冷的渐变色，并在页面中间使用偏暖的色彩形成对比。为了丰富背景画面，还可在页面下方绘制一些积雪的效果，以营造出大雪的氛围，如图5-91所示。

（2）场景设计。为了更好地表现出雪的效果，可利用树枝样式的笔刷在场景中绘制被大雪掩盖的白色树枝，还可绘制一些棕色的树枝，并为棕色的树枝绘制雪花落在树上的效果，以增加视觉设计的美感，如图5-92所示。

（3）元素设计。开屏页展示的时间不长，因此不用添加过多文字，只需添加表明"大雪"主题及相应的习俗文字即可，当然也可在页面下方添加提醒用户注意保暖的文字，为App增加人情味。另外，还可在画面中绘制一些大小不一的飘雪效果，使整体画面更具真实感。

本实训的参考效果如图5-93所示。

图5-91　绘制背景　　　　图5-92　绘制树枝　　　　图5-93　参考效果　　高清彩图

素材所在位置： 素材\第5章\树枝.abr

效果所在位置： 效果\第5章\App开屏页.psd

设计素养

在 App 界面设计中，常见的界面主要有开屏页、引导页、登录/注册页、主页、个人信息页等，其设计目的基本上都是提高用户体验、增强用户黏性。另外，主流的手机界面尺寸有 720 像素 ×1280 像素、750 像素 ×1334 像素等。

3. 步骤提示

STEP 01 新建大小为"720像素×1280像素"、分辨率为"72像素/英寸"、颜色模式为"RGB颜色"、名称为"App开屏页"的文件。

STEP 02 选择"渐变工具" ，设置渐变颜色为"#adcfeb ~ #ead7d9 ~ #ccf2fe"，然后在"背景"图层中绘制渐变。

视频教学：
制作 App 开
屏页

STEP 03 新建图层并重命名为"积雪"，选择"画笔工具" ，设置填充颜色为"白色"，在画面下方涂抹，绘制出积雪的效果。

STEP 04 新建图层并重命名为"树枝1"，选择"画笔工具" ，载入"树枝"笔刷，选择相应的画笔样式后，适当调整画笔大小，在积雪上方绘制白色树枝。然后新建图层并重命名为"树枝2"，修改填充颜色，在画面右侧绘制棕色的树枝。

STEP 05 新建图层并重命名为"雪"，选择"画笔工具" ，修改填充颜色，适当调整画笔大小和不透明度，在棕色树枝上绘制出落雪的效果，并在画面其他位置绘制出飘雪的效果。

STEP 06 使用"横排文字工具" T 和"直排文字工具" IT 在海报中输入相应文字，适当调整大小和字符间距等，再为部分文字应用"投影"图层样式。完成后查看最终效果，并按【Ctrl+S】组合键保存文件。

5.3.2 绘制"闹钟"App图标

1. 实训背景

某公司开发的一款"闹钟"App即将更新版本，新版本拥有更加简洁的交互设计和功能布局，操作更加快捷；同时准备制作全新的图标，新图标需要有效传达出该App的作用。

2. 实训思路

（1）样式设计。该App的名称是"闹钟"，因此可将图标的主体图形设计为闹钟的形状，先使用"椭圆工具" 绘制出闹钟的主要外观，然后使用"圆角矩形工具" 绘制出刻度、时针和分针，最后使用钢笔工具组绘制出闹钟周围的其他装饰性图形，如图5-94所示。

（2）色彩设计。为符合新版本App"简洁"的风格，图标的颜色不宜过多，可选取温柔的淡青色搭配淡紫色和白色，整体偏淡的色调使画面和谐美观。

本实训的参考效果如图5-95所示。

图5-94 绘制路径 　　　　图5-95 参考效果

效果所在位置： 效果\第5章\"闹钟"App图标.psd

视频教学：
制作"闹钟"App
图标

3. 步骤提示

STEP 01 新建大小为"200像素×200像素"、分辨率为"72像素/英寸"、颜色模式为"RGB颜色"、背景颜色为"白色"、名称为"'闹钟'App图标"的文件。

STEP 02 选择"椭圆工具" ，设置填充颜色为"白色"，描边颜色为"#b1c1e9"，描边宽度为"8点"，在画面中绘制一个正圆，然后复制该正圆，将其等比例缩小，并修改描边宽度为"2点"。取消描边，再在正圆中心绘制一个小的正圆。

STEP 03 选择"圆角矩形工具" ，在正圆中绘制4个圆角矩形作为刻度，再绘制两个圆角矩形作为时针和分针，并旋转一定角度。然后将这两个圆角矩形所在图层移到最小正圆所在图层的下方。

STEP 04 新建图层，使用"钢笔工具" 在闹钟周围绘制装饰性图形，并填充"#b1c1e9"颜色。

STEP 05 使用"圆角矩形工具" ◼ 绘制一个正圆角矩形，填充"#c4eced"颜色，并应用"投影"图层样式，制作立体效果，然后将其置于"图层"面板中"背景"图层的上一层位置。完成后查看最终效果，并按【Ctrl+S】组合键保存文件。

5.4 课后练习

练习 1 制作 App 登录页

某公司准备开发一款"识遍"App，用于拍摄花草识别种类。这里需要设计登录页面，要求画面与"植物"相关联，可使用形状工具组绘制植物、太阳等元素，再使用钢笔工具绘制波浪路径并填充颜色以完善背景效果。本练习完成后的参考效果如图5-96所示。

效果所在位置： 效果\第5章\App登录页.psd

练习 2 制作企业 Logo

为了更好地宣传企业文化以及推广品牌形象，方凌集团准备重新制作企业Logo。该企业属于科技类公司，在制作标志时可选择深蓝色作为主色，然后使用钢笔工具组对企业名称拼音的首字母"F"进行造型设计，并为Logo添加阴影效果。本练习完成后的参考效果如图5-97所示。

效果所在位置： 效果\第5章\企业Logo.psd

图 5-96 "识遍"App 登录页面效果　　　　图 5-97 企业 Logo 效果

第 **6** 章

调整图像颜色

用户在拍摄图像时，受到天气、灯光和拍摄角度等的影响，拍摄的图像可能会出现画面昏暗和色彩黯淡等问题。此时，可以通过Photoshop的调整图层功能或调整命令调整图像的亮度、对比度等，使图像更加清晰亮丽，时尚夺口。此外，用户也可以在设计作品时调整图像的颜色，使图像的色彩与色调更加符合当前的设计风格。

📖 **学习目标**

◎ 掌握调整图像明暗度的方法

◎ 掌握调整图像色彩与色调的方法

✧ **素养目标**

◎ 培养对事物的观察能力

◎ 提升对设计作品的配色能力和色彩搭配感觉

◈ **案例展示**

明亮清透感宣传海报

暖色调海报

6.1

调整图像明暗度

Photoshop CS6中提供了亮度/对比度、色阶、曲线和曝光度4种命令用于调整图像的明暗度，用户可根据图像的具体情况选择相应的方法进行处理。

6.1.1 课堂案例——制作明亮清透感宣传海报

案例说明："梦之海岛"风景区为开业宣传海报拍摄的实景照片因天气、光线等原因色调灰暗，不符合开业宣传海报的制作要求。因此需要调整照片的明暗度，使画面鲜艳明亮，具有清透感，再将其制作为900像素×500像素的宣传海报，以此吸引游客前来风景区游玩。制作前后的对比效果如图6-1所示。

知识要点：亮度/对比度；色阶。

素材位置：素材\第6章\风景照片.jpg

效果位置：效果\第6章\明亮清透感宣传海报.psd

高清彩图

图6-1　制作前后的对比效果

具体操作步骤如下。

STEP 01 新建大小为"900像素×500像素"、分辨率为"72像素/英寸"、颜色模式为"RGB颜色"、名称为"明亮清透感宣传海报"的文件。

STEP 02 选择【文件】/【置入】命令，打开"置入"对话框，在"风景照片.jpg"素材上双击鼠标左键，将其置入文件中，适当调整大小。观察发现风景照片明亮度不够，高光和阴影区域对比不明显，可使用亮度/对比度、色阶进行调整。

视频教学：课堂案例——制作明亮清透感宣传海报

STEP 03 单击"图层"面板下方的"创建新的填充或调整图层"按钮 ，在弹出的下拉列表框中选择"亮度/对比度"命令，打开"亮度/对比度"属性面板，设置亮度和对比度均为"20"，如图6-2所示。增加亮度和对比度，前后的对比效果如图6-3所示。

STEP 04 单击"图层"面板下方的"创建新的填充或调整图层"按钮 ，在弹出的下拉列表框中选择"色阶"命令，打开"色阶"属性面板，设置第二个滑块下方的数值为"1.50"，降低中间调的亮度效果；设置第三个滑块下方的数值为"240"，增强高光效果，如图6-4所示。

图6-2　调整亮度/对比度　　　　　　　　　　图6-3　前后的对比效果

STEP 05 选择"横排文字工具" **T**，在工具属性栏中设置字体为"汉仪菱心体简"，文字颜色为"白色"，在画面中间输入"梦之海岛""盛大开业""7月25日"文字，适当调整大小和位置。

STEP 06 此时文字效果不明显，可添加图层样式。在"梦之海岛"文字图层右侧的空白区域双击鼠标左键，打开"图层样式"对话框，勾选"投影"复选框，设置不透明度为"75%"，距离和扩展均为"7像素"，然后单击 确定 按钮。复制该图层样式到其他文字图层上，效果如图6-5所示。

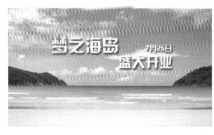

图6-4　调整色阶　　　　　　　　　　　　　图6-5　效果展示（1）

STEP 07 绘制矩形作为装饰，使海报画面更加美观。选择"矩形工具" ■，在工具属性栏中取消填充，设置描边颜色为"白色"，描边宽度为"2点"，在文字周围绘制一个矩形。栅格化该形状图层，使用"橡皮擦工具" ◢ 在图像右上方和左下方擦除部分线条，效果如图6-6所示。

STEP 08 选择"直线工具" ✎，在工具属性栏中设置描边颜色为"白色"，粗细为"2像素"，按住【Shift】键不放在矩形的缺口处绘制斜倾角度为45°的线条。

STEP 09 使用"横排文字工具" **T** 在矩形图像下方输入图6-7所示文字。完成后查看最终效果，并按【Ctrl+S】组合键保存文件。

图6-6　效果展示（2）　　　　　　　　　　　图6-7　输入文字

6.1.2 亮度/对比度

图像若存在发灰、发暗的问题，则可通过调整图像的亮度/对比度来解决。

1. 认识亮度/对比度

亮度是指图像整体的明亮程度。对比度是指图像的明暗区域中最亮的白色和最暗的黑色之间的差异程度，明暗区域的差异越大，图像的对比度越高；反之，图像的对比度越低。在Photoshop 中可以调整亮度和对比度的参数值，但参数值的大小不同，图像的效果也不同。因此，用户需要根据具体使用情况调整参数值的范围。

- 亮度参数值：亮度的可调节参数范围为"-150 ~ 150"，其中"-150"表示亮度最暗，"150"表示亮度最亮，"0"表示未调整。图6-8所示分别为亮度为"-100"和"50"的图像效果。

图6-8　亮度不同的图像效果

- 对比度参数值：对比度的可调节参数范围为"-50 ~ 100"，其中"-50"表示对比度最低，"100"表示对比度最高，"0"表示未调整。图6-9所示分别为对比度为"-50"和"100"的图像效果。

图6-9　对比度不同的图像效果

2. 调整亮度/对比度

在Photoshop CS6中调整图像亮度/对比度的方法主要有两种。

- 通过调整图层：单击"调整"面板中的"亮度/对比度"按钮 ☀，或单击"图层"面板下方的"创建新的填充或调整图层"按钮 ◑，在弹出的下拉列表框中选择"亮度/对比度"命令，打开"亮度/对比度"属性面板（见图6-10），可拖曳"亮度""对比度"滑块，或直接在其右侧的数值框中输入数字调整参数，最后单击 自动 按钮，完成亮度与对比度的调整。
- 通过调整命令：选择图像所在图层后，选择【图像】/【调整】/【亮度/对比度】菜单命令，打开图6-11所示"亮度/对比度"对话框，在其中调整参数的方法与前一种方法相同。

 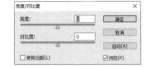

图6-10　"亮度/对比度"属性面板　　图6-11　"亮度/对比度"对话框

🔔 **提示**

通过调整图层与调整命令达到的调整效果相同，但调整命令直接作用于图像，调整后无法再次修改参数，适用于图像需要进行简单调整的情况；而通过调整图层处理图像颜色后，可随时在"属性"面板中修改参数。因此，本章将以调整图层功能作为调整图像颜色的方式。

6.1.3　色阶

图像的色彩丰满度和精细度是由色阶决定的，通过调整色阶可以单独调整图像中的阴影、中间调和高光区域的明暗度。

1. 认识色阶

色阶是表示图像亮度强弱的指数标准，即图像色彩的明度。Photoshop的8位通道中总共有256个色阶，明度范围是0~255，表示亮度从最暗到最亮，如图6-12所示。其中0代表最暗的黑色，255代表最亮的白色。

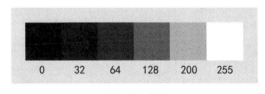

图6-12　色阶

2. 调整色阶

通过色阶调整图像明暗度的方法为：单击"图层"面板下方的"创建新的填充或调整图层"按钮 ◍，在弹出的下拉列表框中选择"色阶"命令，打开"色阶"属性面板，如图6-13所示。通过调整其中的各选项，可调整图像的明暗度。

- "预设"下拉列表框：在该下拉列表框中可直接应用较暗、增加对比度和加亮阴影等预设好的参数选项。
- "RGB"下拉列表框：在该下拉列表框中可选择调整整个图像或者单独某一个通道的色阶（通道的具体知识将在第8章进行讲解）。

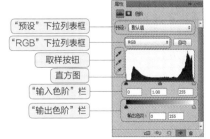

图6-13　"色阶"属性面板

- 自动按钮：单击该按钮，可自动调整图像的色阶，使图像亮度区域的像素分布更加均匀。
- 取样按钮：单击“取样设置黑场”按钮后，在图像中单击鼠标左键，可将该位置的像素以及比该点更暗的像素调整为黑色；单击“取样设置灰场”按钮后，在图像中单击鼠标左键，可根据该位置像素的亮度来调整其他中间色调的平均亮度，常用于校正偏色；单击“取样设置白场”按钮后，在图像中单击鼠标左键，可将该位置的像素以及比该点更亮的像素调整为白色。
- 直方图：用于展示不同亮度级别的像素数量在图像中的分布情况。其中，直方图的左侧部分表示图像的暗部，中间部分表示图像的中间调，右侧部分表示图像的亮部。
- “输入色阶”栏：直方图下方左侧的滑块用于调整图像的暗部参数，中间的滑块用于调整中间调，右侧的滑块用于调整亮部参数，也可拖曳滑块或在滑块下方的数值框中输入数值进行调整。需要注意的是，在调整暗部或亮部参数时，中间调的数值也会自动调整。调整暗部时，低于该值的像素将变为黑色，如图6-14所示；调整中间调时，该值比原数值小时，图像整体将变亮，反之变暗；调整亮部时，高于该值的像素将变为白色，如图6-15所示。

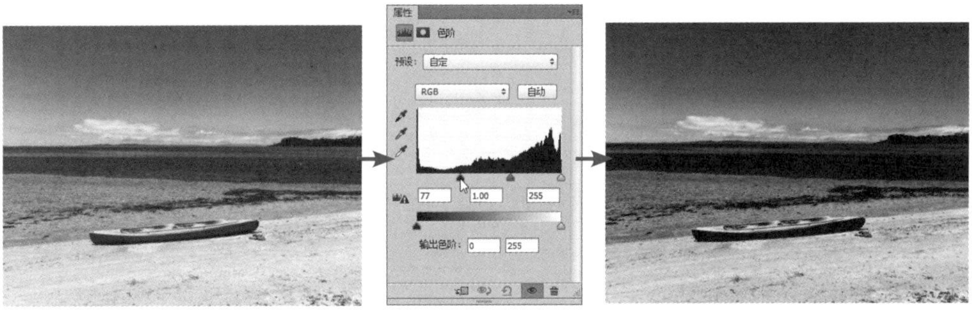

图6-14　使用色阶调整图像暗部

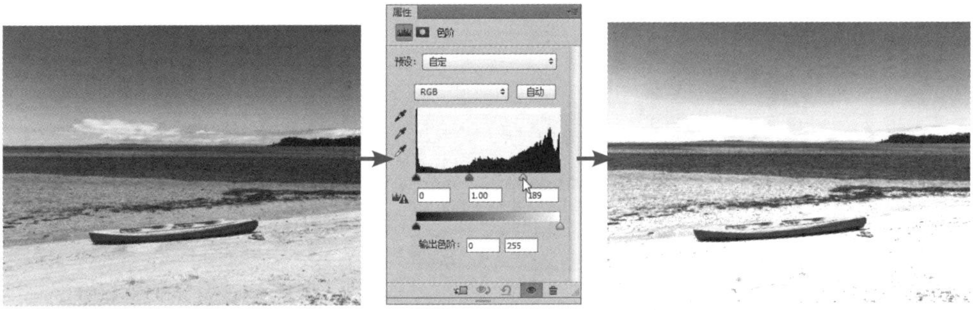

图6-15　使用色阶调整图像亮部

- “输出色阶”栏：第一个数值框用于提高图像的暗部，取值范围为0~255；第二个数值框用于降低图像的亮度，取值范围为0~255。

6.1.4 曲线

曲线具有强大的调整图像明暗度的功能，可以更加精确地调整图像中所有像素点的明亮度，从而改变图像的明暗度。

使用曲线和色阶增加图像画面的对比度时,通常还会增加色彩的饱和度。为了避免出现偏色的情况,可以将调整图层的混合模式设置为"明度"。

通过曲线调整图像明暗度的方法为:单击"图层"面板下方的"创建新的填充或调整图层"按钮 ◑. ,在弹出的下拉列表框中选择"曲线"命令,打开"曲线"属性面板,如图6-16所示。在"曲线"属性面板中,图像的色调默认显示为一条直的对角线,改变属性面板中的参数或对角线可使其变为曲线,从而使图像的色调发生变化。"曲线"属性面板中各选项的作用如下。

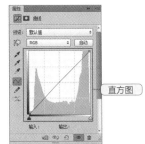

图6-16 "曲线"属性面板

- "在图像上单击并拖动可修改曲线"按钮 🖐:单击该按钮后,将鼠标指针移至曲线上,按住鼠标左键不放并上下拖曳鼠标,可在曲线上添加控制点并调整相应的明亮度,向上拖曳会使图像变亮,如图6-17所示;向下拖曳会使图像变暗,如图6-18所示。

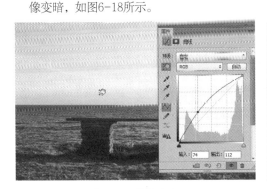

图6-17 图像变亮

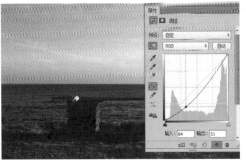

图6-18 图像变暗

使用曲线调整RGB图像时,直方图将显示亮部和暗部;调整CMYK图像时,直方图将显示油墨/颜料的百分比;调整Lab或灰度图像时,直方图将显示光源值。

- "编辑点以修改曲线"按钮 ∿:该按钮呈选中状态时,在曲线上单击鼠标左键可添加控制点,拖曳控制点可改变曲线形状。要删除控制点,可将控制点从图形中拖出;或选择控制点后按【Delete】键;或按住【Ctrl】键不放在控制点上单击鼠标左键。
- "通过绘制来修改曲线"按钮 ✏:单击该按钮后,可直接在直方图中绘制曲线。
- "平滑曲线值"按钮 〰:单击该按钮,可使在直方图中绘制的曲线变得平滑。
- "输入/输出"数值框:输入处将显示调整前的原始参数值;输出处将显示调整后的参数值。

6.1.5 曝光度

"曝光度"一词来源于摄影术语,是指感受到光亮的强弱及时间的长短。在Photoshop中,曝光度是指图像画面本身的明度。曝光不足时,画面整体将偏暗;曝光过度时,画面整体将偏亮。

117

　　调整图像曝光度的方法为：单击"图层"面板下方的"创建新的填充或调整图层"按钮 ，在弹出的下拉列表框中选择"曝光度"命令，打开"曝光度"属性面板。拖曳参数对应的滑块，或直接在其右侧的数值框中输入数字，均可调整参数。向右拖曳"曝光度"滑块可增加曝光度，如图6-19所示；向左拖曳"曝光度"滑块可减少曝光度。向右拖曳"位移"滑块可降低对比度，如图6-20所示；向左拖曳"位移"滑块可提高对比度。向右拖曳"灰度系数校正"滑块可提高对比度；向左拖曳"灰度系数校正"滑块可降低对比度。

图6-19　增加曝光度

图6-20　降低对比度

疑难解答

调整图像明亮度时，应该修改曝光度还是亮度？

　　曝光度和亮度都能改变图像画面整体的明亮度，但少量调整曝光度不会改变图像的饱和度，而无论调整多少亮度都会改变图像的饱和度。因此，相对于调整亮度而言，调整曝光度对图像饱和度的损伤更小。

技能提升

　　图6-21所示为两张风景照片，请结合本小节所讲知识，对其进行分析与练习。

高清彩图

图6-21　风景照片

　　（1）扫描右侧的高清彩图二维码，从明暗度的角度分析两张照片分别存在什么问题。

照片1：_____

_____

照片2：_____

_____

效果示例

　　（2）综合运用本小节所学知识对这两张照片（素材位置：素材\第6章\风景01.jpg、风景02.jpg）存在的问题进行处理，以提升调整图像明暗度的能力。

6.2
调整图像色彩与色调

Photoshop CS6除了可以调整图像的明暗度之外，还可以精细地调整图像的色彩与色调，使图像的画面更加丰富多彩。

6.2.1 课堂案例——制作商品展示图

案例说明： "与书毛衣"店铺即将上新一批高领毛衣，需要制作商品展示图。但为了节省时间，只拍摄了该款式一种颜色的照片，因此需要对照片进行调色，以便向消费者展示其他不同色彩的商品照片。最后将这些图片组合排版，制作成商品展示图，以直观地展示商品信息，参考效果如图6-22所示。

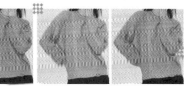

图6-22 商品展示图

知识要点： 色相/饱和度。

素材位置： 素材\第6章\模特服装.jpg

效果位置： 效果\第6章\商品展示图.psd

具体操作步骤如下。

STEP 01 打开"模特服装.jpg"素材，先裁剪图像，以便后期制作商品宣传图。选择"裁剪工具" ，在工具属性栏中设置裁剪比例为"1∶1"，调整裁剪框的位置和大小，然后按【Enter】键完成裁剪。将背景图层转换为普通图层并设置名称为"原图"。

视频教学：
课堂案例——制作商品展示图

STEP 02 单击"图层"面板下方的"创建新的填充或调整图层"按钮 ，在弹出的下拉列表框中选择"色相/饱和度"命令，打开"色相/饱和度"属性面板。

STEP 03 单击"色相/饱和度"属性面板中的"在图像中单击并拖动可修改饱和度"按钮 ，将鼠标指针移至模特的衣服上，在按住【Ctrl】键不放的同时按住鼠标左键不放并向右拖曳鼠标，调整其色相，使服装颜色呈现为粉色，如图6-23所示。

STEP 04 在"色相/饱和度"属性面板中设置饱和度为"+10"，增加色彩饱和度。

STEP 05 同时选择"原图"图层和调整图层，按【Ctrl+Alt+E】组合键盖印图层，并重命名为"粉色"。

STEP 06 选择调整图层，在"色相/饱和度"属性面板的"预设"下拉列表框中选择"默认值"选项，使其恢复为初始数值。然后使用相同的方法将服装颜色调整为蓝色，如图6-24所示。再盖印相应图层并命名为"蓝色"。

图6-23　调整服装色相　　　　　　　　　　　　图6-24　调整服装颜色为蓝色

STEP 07 新建大小为"1280像素×720像素"、分辨率为"300像素/英寸"、颜色模式为"RGB颜色"、名称为"商品展示图"的文件，然后将所有盖印的图层拖曳进该文件中，适当调整大小和位置。

STEP 08 选择"横排文字工具" **T**，在工具属性栏中设置字体为"方正行楷简体"，文字颜色为"#daa878"，在画面中输入"与书毛衣"和"百变的样式，不变的温暖"文字，适当调整大小和位置，如图6-25所示。

STEP 09 为商品宣传图绘制一些装饰元素。选择"自定形状工具" ，在工具属性栏中设置填充颜色为"#daa878"，在"形状"下拉列表框中选择适合的形状，然后在画面中绘制，最终效果如图6-26所示。

图6-25　输入文字并调整大小和位置

图6-26　最终效果

6.2.2　自然饱和度

自然饱和度可以调整图像色彩的饱和度。单击"图层"面板下方的"创建新的填充或调整图层"按钮 ，在弹出的下拉列表框中选择"自然饱和度"命令，打开"自然饱和度"属性面板，如图6-27所示。拖曳"自然饱和度""饱和度"对应的滑块，或直接在其右侧的数值框中输入数字，均可改变自然饱和度的效果。

调整自然饱和度只会调整图像中饱和度较低的颜色，不会损失其他已经饱和的颜色细节；而调整饱和度则会调整图像中所有颜色的饱和度。图6-28所示为调整自然饱和度和调整饱和度的区别。

图6-27 "自然饱和度"属性面板　　　　图6-28 调整自然饱和度和调整饱和度的区别

6.2.3 色相/饱和度

调整色相/饱和度可以调整整个图像或者特定颜色范围的色相、饱和度和明度，从而改变图像的色彩。调整色相/饱和度的方法为：单击"图层"面板下方的"创建新的填充或调整图层"按钮 ◎. ，在弹出的下拉列表框中选择"色相/饱和度"命令，打开"色相/饱和度"属性面板，如图6-29所示。调整其中的参数可以改变色相/饱和度。

- "在图像中单击并拖动可修改饱和度"按钮 ：单击该按钮后，将鼠标指针移至图像中，按住鼠标左键不放并左右拖曳鼠标可改变相应色彩范围的饱和度，向左拖曳可减少饱和度，向右拖曳则可增加饱和度。按住【Ctrl】键不放并拖曳鼠标将修改相应色彩范围的色相。
- "全图"下拉列表框：在该下拉列表框中可以选择调整范围，默认为"全图"，即调整图像中的所有颜色；也可选择调整特

定范围的颜色，如红色、黄色、绿色、青色、蓝色和洋红。图6-30所示为调整全图颜色增加色相的效果；图6-31所示为为图像中的黄色减少色相和饱和度并增加明度的效果。

图6-29 "色相/饱和度"属性面板

图6-30 调整全图颜色的效果　　　　图6-31 调整黄色的效果

- "吸管工具"按钮 ：单击该按钮后，在图像中单击鼠标左键或拖曳鼠标可选择颜色范围。
- "添加取样"按钮 ：单击该按钮后，在图像中单击鼠标左键或拖曳鼠标可扩大选取的颜色范围。也可在使用吸管工具时，按住【Shift】键不放进行选择。

- "从取样中减去"按钮 ：单击该按钮后，在图像中单击鼠标左键或拖曳鼠标可缩小选取的颜色范围。也可在使用吸管工具时，按住【Alt】键不放进行选择。
- "着色"复选框：勾选该复选框，可使用同一种颜色替换原图像中的颜色，使图像整体颜色偏色同一种颜色。
- 色轮：色轮中间的两个内部滑块用于调整颜色范围，两个外部滑块用于调整颜色的衰减量。

6.2.4　课堂案例——制作暖色调海报

案例说明：某时尚杂志社新一期杂志即将上线，但由于光线原因，为海报拍摄的照片整体颜色偏冷色调，以致画面不符合该期杂志"阳光""温暖"的主题因此需要先将其调整为暖色调，再制作成尺寸为800像素×1200像素的海报，参考效果如图6-32所示。

知识要点：色彩平衡；照片滤镜；亮度/对比度。

素材位置：素材\第6章\冷色调照片.jpg

效果位置：效果\第6章\暖色调海报.psd

图6-32　暖色调海报

设计素养

　　心理学上根据不同颜色带给人的感受，将颜色分为暖色调（红、橙、黄、棕）、冷色调（绿、蓝、紫）和中性色调（黑、灰、白）。其中暖色调给人热情、温暖、柔和之感；冷色调给人开阔、清爽、通透之感；中性色调给人的感受介于冷、暖色调之间。

具体操作步骤如下。

STEP 01 新建大小为"800像素×1200像素"、分辨率为"300像素/英寸"、颜色模式为"RGB颜色"、名称为"暖色调海报"的文件。

STEP 02 选择【文件】/【置入】命令，打开"置入"对话框，选择"冷色调照片.jpg"素材，双击鼠标左键将其置入文件中，适当调整大小。

STEP 03 要将冷色调转换为暖色调，可在画面中适当增加红色和黄色。单击"图层"面板下方的"创建新的填充或调整图层"按钮 ，在弹出的下拉列表框中选择"色彩平衡"命令，打开"色彩平衡"属性面板。

视频教学：
课堂案例——制作暖色调海报

STEP 04 在"色彩平衡"属性面板中调整相关参数，将第一个滑块向红色方向拖曳，再将第三个滑块向黄色方向拖曳，如图6-33所示。前后的对比效果如图6-34所示。

图6-33　调整参数　　　　　　　　图6-34　前后的对比效果

STEP 05 要为画面整体添加暖色调，可通过添加照片滤镜来实现。单击"图层"面板下方的"创建新的填充或调整图层"按钮，在弹出的下拉列表框中选择"照片滤镜"命令，打开"照片滤镜"属性面板，在"滤镜"下拉列表框中选择"加温滤镜（81）"选项，设置浓度为"40%"，如图6-35所示。

STEP 06 使用与步骤05相同的方法创建颜色为"#ec0b00"、浓度为"30%"的照片滤镜的调整图层，效果如图6-36所示。

STEP 07 选择"横排文字工具"，在工具属性栏中设置字体为"方正黑体简体"，文字颜色为"#b27526"，在画面中输入"SUNSHINE"文字。选择并复制该文字图层，修改文字颜色为"白色"，然后将其放置于原文字图层的下方，再将图层上的图像适当向右上方移动，制作出具有立体感和设计感的文字。重复上述操作，在图像编辑区左侧输入图6-37所示文字，保持字体和文字颜色不变，适当调整大小和位置。

STEP 08 完成后查看最终效果，并按【Ctrl+S】组合键保存文件。

图6-35　设置照片滤镜　　　　　图6-36　效果展示　　　　　图6-37　输入文字

6.2.5　色彩平衡

色彩平衡可以在图像原有颜色的基础上添加其他颜色，或增加某种颜色的补色以减少该颜色的数量，多用于调整有明显偏色的图像。

调整图像色彩平衡的方法为：单击"图层"面板下方的"创建新的填充或调整图层"按钮 ，在弹出的下拉列表框中选择"色彩平衡"命令，打开"色彩平衡"属性面板，在"色调"下拉列表框中可以选择阴影、中间调和高光3个选项，并通过下方的3组对比色调整色彩平衡。图6-38所示为为阴影添加绿色的效果；图6-39所示为为中间调添加黄色的效果。另外，勾选"保留明度"复选框可以防止图像的明度随参数的调整而改变。

图6-38　为阴影添加绿色的效果　　　　图6-39　为中间调添加黄色的效果

6.2.6　黑白

使用"黑白"命令可以将彩色图像转换为富有层次感的黑白图像，还可以将图像转换为带有某种颜色的单色图像。

使用"黑白"命令的方法为：单击"图层"面板下方的"创建新的填充或调整图层"按钮 ，在弹出的下拉列表框中选择"黑白"命令，打开"黑白"属性面板。调整相应的颜色值可改变图像的黑白层次，将数值调低时，图像中对应的颜色将变暗，如图6-40所示；将数值调高时，图像中对应的颜色将变亮，如图6-41所示。

图6-40　对应颜色变暗　　　　　　　图6-41　对应颜色变亮

🔔 提示

选择【图像】/【调整】/【去色】菜单命令，或按【Ctrl+Shift+U】组合键，可将彩色图像转换为黑白图像。但这是一种破坏性的图像编辑方式，无法使图像恢复原来的色彩。因此，建议使用"黑白"调整图层调整图像。

调整黑白图像时，还可以勾选"色调"复选框单独设置色相和饱和度，将图像转换为单色调图像。图6-42所示为黄色调图像；图6-43所示为蓝色调图像。

图6-42　黄色调图像　　　　　　　　　　图6-43　蓝色调图像

6.2.7　照片滤镜

照片滤镜能够模拟传统的光学滤镜，调整光的色彩平衡和色温，使图像呈暖色调、冷色调或其他色调显示。

添加照片滤镜的方法为：单击"图层"面板下方的"创建新的填充或调整图层"按钮，在弹出的下拉列表框中选择"照片滤镜"命令，打开"照片滤镜"属性面板，如图6-44所示。在其中可选择滤镜选项或通过颜色块设置自定义颜色，还可调整所添加的滤镜或颜色的浓度。图6-45所示为原图；图6-46所示为添加浓度为"20%"的加温滤镜（85）的效果；图6-47所示为添加浓度为"20%"的冷却滤镜（80）的效果。

图6-44　"照片滤镜"属性面板

图6-45　原图　　　　　图6-46　添加加温滤镜（85）的效果　　　图6-47　添加冷却滤镜（80）的效果

资源链接

Photoshop CS6中还有其他调整图像色彩或色调的方法，如通道混合器、颜色查找、反相、色调分离等。它们的使用方法与本节所讲方法一致，具体用途可扫描右侧的二维码查看。

扫码看详情

技能提升

复古色调能够为照片营造出怀旧感。图6-48所示为将街景照片调整为复古色调的对比效果。请结合本小节所讲知识，分析该作品并进行练习。

高清彩图

（1）扫描高清彩图二维码，分析可以通过哪些方法将街景照片原图调整为复古色调。

_____

_____

（2）综合利用本小节所学知识，尝试将提供的素材（素材位置：素材\第6章\原图.jpg）调整为复古色调，以提升对色调的把握能力。

效果示例

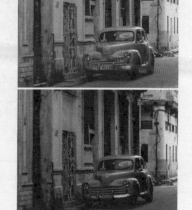

图6-48　将街景照片调整为复古色调的对比效果

6.3 课堂实训

6.3.1 制作小清新风格海报

1. 实训背景

"轻"摄影馆主打小清新摄影，现新店即将开业，准备将之前拍摄的照片制作成小清新风格的海报，用于吸引更多消费者，要求画面效果美观、色调清新。

2. 实训思路

（1）照片分析。小清新风格的照片具有自然随意、舒适恬静和清新淡雅的特点，整体色调温暖干净，画面对比度不强。而提供的素材照片（见图6-49）整体色调偏深、饱和度过高，需要调色。

高清彩图

（2）色调调整。为了使画面更加清新，可适当减少整体的饱和度，增加绿色的饱和度，再将原本过于偏暖色的色调调整为正常色调。根据具体情况，还可调整局部区域的亮度，使海报画面更加和谐。调色后的效果如图6-50所示。

（3）添加文字和装饰。为了更加贴合海报风格，可在画面中适当添加文字，并选取较为搭配的文字颜色。若文字过于单调，则可为其添加图层样式，或绘制一些圆圈作为装饰，使其更加美观。

本实训的参考效果如图6-51所示。

图6-49　素材照片　　　　图6-50　调色后的效果　　　　图6-51　小清新风格海报效果

素材所在位置： 素材\第6章\人物.jpg

效果所在位置： 效果\第6章\小清新风格海报.psd

3. 步骤提示

STEP 01 新建大小为"800毫米×1200毫米"、分辨率为"72像素/英寸"、颜色模式为"RGB颜色"、名称为"小清新风格海报"的文件。

STEP 02 置入"人物.jpg"素材，适当调整大小。

STEP 03 添加"色相/饱和度"调整图层，减少全图饱和度，增加绿色饱和度。

STEP 04 添加"照片滤镜"调整图层，为其应用"冷却滤镜（80）"滤镜。

STEP 05 添加"亮度/对比度"调整图层，适当增加亮度和减少对比度。

STEP 06 添加"曲线"调整图层，适当调整图像明暗度。

STEP 07 使用"横排文字工具" T 和"直排文字工具" IT 在画面中输入文字，并设置字体、文字大小、文字颜色和调整位置，为部分文本应用"投影"图层样式。使用"椭圆工具" ◎ 绘制空心圆作为装饰。完成后查看最终效果，并按【Ctrl+S】组合键保存文件。

视频教学：
制作小清新风格
海报

6.3.2　制作旅游宣传展板

1. 实训背景

在全面推进乡村振兴的时代要求下，某文化村想制作一个尺寸为80厘米×45厘米的户外展板，以展示乡村名称、宣传标语和乡村形象等信息，吸引游客前来度假，从而发展本村的旅游业。

2. 实训思路

（1）素材分析。素材图片如图6-52所示，其画面过暗，阴影和高光分布不合理，使得风景看起来不美观，且整体色调偏冷，不具备足够的吸引力，因此展示效果不好。为了达到更好的宣传效果，要先将照片的色调调亮。

（2）版式设计。在旅游宣传展板设计中，可以融合文字、竹叶等多种设计元素来综合展示乡村风采和内涵。

（3）色彩搭配。合适的色彩搭配能够吸引读者的视线。该宣传展板以风景照片的绿色为主色，可搭配棕色、黄色的文字，使画面更加活泼、亮丽。

本实训的参考效果如图6-53所示。

高清彩图

图6-52　素材图片

图6-53　旅游宣传展板效果

素材所在位置： 素材\第6章\旅游宣传展板\

效果所在位置： 效果\第6章\旅游宣传展板.psd

3. 步骤提示

STEP 01 打开"风景.jpg"素材文件，添加"亮度/对比度"和"曝光度"调整图层，提高图像的亮度和对比度。

STEP 02 添加"色彩平衡"调整图层，将图像调整为自然的暖色调。选择所有图层，并盖印图层。

视频教学：制作旅游宣传展板

STEP 03 新建大小为"80厘米×45厘米"、分辨率为"72像素/英寸"、颜色模式为"CMYK颜色"、名称为"旅游宣传展板"的文件。

STEP 04 将盖印图层拖入新建的文件中，调整大小和位置，并重命名为"风景"。

STEP 05 将"遮挡.png""文字底.png""竹叶装饰.png"素材都拖曳到"旅游宣传展板"文件中，将其栅格化后适当调整大小和位置。

STEP 06 选择"横排文字工具" T，在画面中输入相应文字，并设置字体、文字大小和颜色等，然后为部分文字添加图层样式，适当调整位置。完成后查看最终效果，并按【Ctrl+S】组合键保存文件。

6.4 课后练习

练习 1 制作服装颜色展示图

某服装店上新了一款具有不同颜色的大衣，需要制作该款大衣的服装颜色展示图。为了提高制作速度，只拍摄其中一种颜色的大衣图片，然后在此基础上调色，制作出不同颜色的大衣图片，最后使用调整好的大衣图片制作服装颜色展示图。本练习完成后的效果如图6-54所示。

素材所在位置： 素材\第6章\女大衣.jpg

效果所在位置： 效果\第6章\服装颜色展示图.psd

图6-54　完成后的效果

练习 2　制作冷色调海报

蓉城科技馆近期将举办以"展望未来"为主题的科技展，需要制作宣传海报，传达群众科技展的具体信息。在制作该宣传海报时，可选用具有科技感的冷色调，再搭配相关的文字。调整前后的对比效果如图6-55所示。

素材所在位置： 素材\第6章\海报背景.jpg

效果所在位置： 效果\第6章\冷色调海报.psd

图6-55　调整前后的对比效果

第 **7** 章 修复与修饰图像

修复与修饰图像是对图像中有瑕疵的地方进行处理，将图像的视觉效果调整得更加完美。Photoshop作为一款功能强大的图像处理软件，所提供的工具不仅可以美化人像图像，还可以精修商品图像。

■ 📖 学习目标
　　◎ 掌握修复图像的方法
　　◎ 掌握修饰图像的方法

■ ◇ 素养目标
　　◎ 提升处理图像瑕疵的能力
　　◎ 提升审美能力和鉴赏能力

■ ◈ 案例展示

修复人像效果

精修戒指效果

7.1 修复图像

在Photoshop CS6中，可以使用修复工具组和图章工具组中的工具快速修复图像。它们的工作原理是将取样点的像素信息复制到图像其他区域，并保持图像的色相、饱和度、纹理的属性，使修复效果更加自然。

7.1.1 课堂案例——修复人像

案例说明：某摄影馆拍摄了一组人物写真，由于人物面部有些瑕疵，因此需要进行修复，使人物肌肤变得细腻干净，从而提升写真美观度。人像修复前后的对比效果如图7-1所示。

知识要点：污点修复画笔工具，修补工具。

素材位置：素材\第7章\人物写真.jpg

效果位置：效果\第7章\修复人像.psd

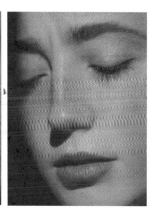

图7-1 人像修复前后的对比效果

具体操作步骤如下。

STEP 01 在Photoshop CS6中打开"人物写真.jpg"素材文件，发现人物脸上有较多斑点，选择"污点修复画笔工具"，在工具属性栏中单击按钮，在打开的下拉列表框中设置图7-2所示参数，然后单击选中工具属性栏中的"内容识别"单选项。

STEP 02 按住【Alt】键不放向上滚动鼠标滚轮，以放大画面。将鼠标指针移至人像的斑点处，然后单击鼠标左键，可发现斑点已被修复掉。修复斑点前后的对比效果如图7-3所示。

视频教学：
课堂案例——
修复人像

图7-2 设置参数

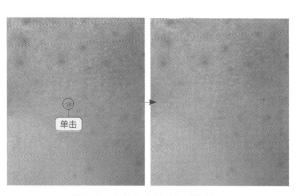

图7-3 修复斑点前后的对比效果

STEP 03 使用与步骤02相同的方法，使用"污点修复画笔工具" 修复其他斑点。注意在操作过程中，可根据斑点的大小按【[】键或【]】键调整画笔大小。修复所有斑点前后的对比效果如图7-4所示。

STEP 04 放大图像观察，发现脸颊区域存在一些瑕疵，可使用"修补工具" 处理。选择"修补工具" ，在工具属性栏中单击"新选区"按钮，然后单击选中"源"单选项。

STEP 05 在需要修复的区域，如鼻子右侧的脸部，按住鼠标左键不放并拖曳鼠标创建选区，然后将鼠标指针移至选区中，当鼠标指针变为 形状时，按住鼠标左键不放并拖曳鼠标至较为光滑的区域，此时释放鼠标左键，发现选区内的皮肤已经发生改变，如图7-5所示。使用相同的方法继续处理脸部的瑕疵。

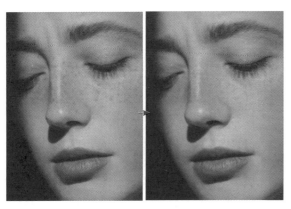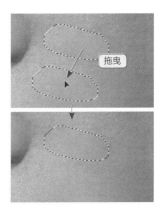

图7-4 修复所有斑点前后的对比效果　　　　图7-5 拖曳选区

STEP 06 放大眼部区域，选择"修复画笔工具" ，将鼠标指针移至眼皮的平滑处，按住【Alt】键不放并单击鼠标左键进行取样，然后将鼠标指针移至眼皮的褶皱处，单击鼠标左键进行修复，如图7-6所示。

STEP 07 使用相同的方法修复眼皮的其他区域，可取样附近的像素点以更好地进行融合。修复眼皮前后的对比效果如图7-7所示。

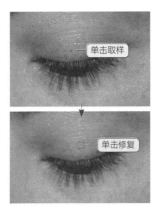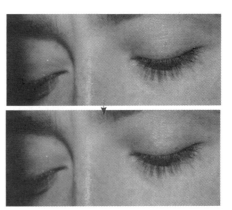

图7-6 修复眼皮区域　　　　图7-7 修复眼皮前后的对比效果

STEP 08 放大眉毛区域，选择"仿制图章工具" ，在工具属性栏中设置画笔大小为"175像素"，硬度为"0"，不透明度为"60%"。将鼠标指针移至眉毛较深的区域，按住【Alt】键不放并单击鼠标左键取样，然后将鼠标指针移至眉毛较浅的区域，单击鼠标左键进行修复，如图7-8所示。

STEP 09 完成后查看最终效果，如图7-9所示。按【Ctrl+S】组合键保存文件，并设置名称为"修复人像"。

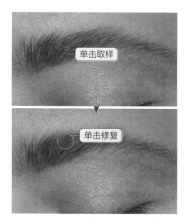

图7-8　修复眉毛区域

图7-9　最终效果

7.1.2　污点修复画笔工具

"污点修复画笔工具" [图标]主要用于修复图像中的斑点或小面积杂物等。其操作方法为：选择"污点修复画笔工具" [图标]，在工具属性栏中设置画笔参数，单击鼠标左键或拖曳鼠标涂抹图像中需要修复的区域。图7-10所示为修复衣服上的灰色污点。

图7-10　修复污点

图7-11所示为"污点修复画笔工具" [图标]的工具属性栏，在其中可设置画笔的样式、模式和类型等。

图7-11　"污点修复画笔工具"的工具属性栏

- "画笔预设"按钮 [图标]：单击该按钮，打开"画笔预设"下拉列表框，在其中可设置画笔的大小、硬度、间距等类型。
- "模式"下拉列表框：用于设置画笔的模式，其原理与混合模式类似。
- "类型"栏：用于设置修复图像采用的修复类型。选择"近似匹配"选项，可将选区边缘周围的像素充当要用作修补的区域；选择"创建纹理"选项，可使用选区中的像素创建纹理；选择"内容识别"选项，可比较附近的图像内容，不留痕迹地填充选区，同时保留图像的关键细节，如阴影和对象边缘等。

7.1.3 修复画笔工具

"修复画笔工具" ⊘可以利用图像中与被修复区域相似的像素或图案进行修复。与"污点修复画笔工具" ⊘的不同之处在于"修复画笔工具" ⊘可以从图像中的任意位置取样，并将其中的纹理、光照、透明度、阴影等与所修复的像素匹配，从而去除图像中的污点和划痕等。其操作方法为：选择"修复画笔工具" ⊘，在工具属性栏的"源"栏中单击选中"取样"单选项，然后按住【Alt】键不放，在图像中单击鼠标左键进行取样，再将鼠标指针移至需要修复的区域多次单击鼠标左键或拖曳鼠标进行涂抹。单击选中"图案"单选项，可通过单击或涂抹在区域中填充相应的图案。

🔔 提示

使用"修复画笔工具" ⊘时，在工具属性栏中勾选"对齐"复选框，可以进行连续取样，取样点会随修复位置的改变而发生变化，使用取样点周围的像素点进行修复。

7.1.4 修补工具

"修补工具" ⊛可以将图像中的部分像素复制到需要修复的区域，常用于修复较复杂的纹理和瑕疵。其操作方法为：选择"修补工具" ⊛，然后在图像中创建选区，在工具属性栏中选择修补方式，若单击选中"源"单选项，则将选区拖曳至需修复的区域后，将用当前选区中的图像修复原选区中的图像；若单击选中"目标"单选项，则将选区中的图像复制到拖曳的区域，如图7-12所示。

  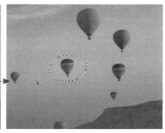

图7-12 将选区中的图像复制到拖曳的区域

在工具属性栏中设置修补模式为"正常"后，单击选中"透明"单选项，修复后的图像与原图像是叠加融合的效果；反之是完全覆盖的效果。

🔔 提示

为了更精确地修复图像，可结合使用选框工具、套索工具和钢笔工具组等创建选区，然后切换到"修补工具" ⊛进行操作。

7.1.5 内容感知移动工具

"内容感知移动工具" ✖是Photoshop CS6中新增的修复工具，使用该工具可以将选区中的图像移至其他区域，与"修补工具" ⊛相似。不同的是，该工具可在修补图像时扩展图像，使其融合得更加自然。其操作方法为：选择"内容感知移动工具" ✂ 后，在图像中创建选区，然后将选区中的图像移动到需修补的图像处，选区中的图像将自动与需修补的图像融合，原选区空缺的部分也将自动被填补，如图7-13所示。

在工具属性栏的"模式"下拉列表框中选择"扩展"选项，将同时在原位置和目标位置保留选区中的图像；通过"适应"下拉列表框可控制移动区域与周围环境融合的程度。

图7-13 将选区中的图像移动到需修补的图像处

7.1.6 红眼工具

"红眼工具" 🔴 可以快速清除照片中人物眼睛由闪光灯引发的红色、白色、绿色反光斑点。选择"红眼工具" 🔴 后，在工具属性栏中设置瞳孔大小（用于置修复瞳孔区域的大小）和变暗量（用于设置修复区域颜色的变暗程度），然后在需要修复的位置单击鼠标左键。去除红眼前后的对比效果如图7-14所示。

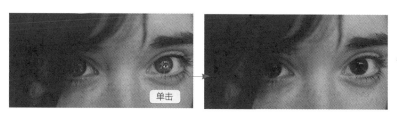

图7-14 去除红眼前后的对比效果

7.1.7 仿制图章工具

"仿制图章工具" 🖈 可以将图像中的局部区域或全部区域复制到该图像的其他位置或其他图像中，效果与"修复画笔工具" ✏ 类似。其具体操作方法为：选择"仿制图章工具" 🖈，在工具属性栏中设置画笔大小，按住【Alt】键不放并在图像中单击鼠标左键进行取样，然后切换到其他图像中，在需要应用取样填充的位置单击鼠标左键或拖曳鼠标进行涂抹。图7-15所示为将花朵复制到其他图像中的过程。

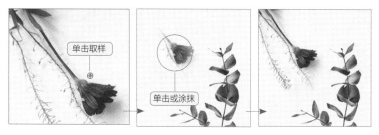

图7-15 将花朵复制到其他图像中

疑难解答

修复画笔工具、修补工具与仿制图章工具有什么区别？

使用"修复画笔工具" 🖉 和"修补工具" ⬚ 会将图像的纹理、亮度、颜色与源像素进行匹配，因此图像的细节会有所损失，但能更好地与周围的像素融合；使用"仿制图章工具"会将取样的图像完全应用到绘制区域中，不会对周围的像素进行任何处理。

7.1.8 图案图章工具

"图案图章工具" 🖫 可以将Photoshop CS6中预设的图案或自定义的图案填充到图像中。其操作方法为：将需要应用图案填充的区域创建为选区，选择"图案图章工具" 🖫 ，在工具属性栏的"图案"下拉列表框中选择所需图案样式，再设置图案叠加模式和不透明度等参数，在选区内按住鼠标左键不放并拖曳鼠标，即可将图案填充到选区中，如图7-16所示。

图7-16 使用图案图章工具填充图案

技能提升

图7-17所示为拍摄的一张人物照片，请结合本小节所讲知识，分析该作品并进行练习。

（1）该人物照片存在哪些瑕疵？

_____

_____

（2）尝试使用修复工具组和图案工具组对提供的素材（素材位置：素材\第7章\修复前.jpg）进行处理，以提高对修复工具组和图案工具组的熟悉度，并提升对这些工具组的综合运用能力。

高清彩图

效果示例

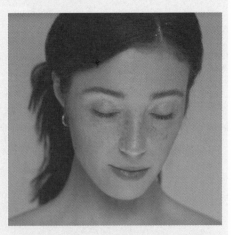

图7-17 人物照片

7.2 修饰图像

Photoshop CS6中提供了多种修饰工具，用于为图像的局部区域添加特殊效果，以达到完善、优化图像的目的。

7.2.1 课堂案例——精修戒指

案例说明：某饰品店准备上新一款戒指，但拍摄的商品图像不太美观，不适合用于商品宣传。因此需要先对其进行处理，使修饰后的戒指恢复珍珠本身的色泽，轮廓更加清晰。精修戒指前后的对比效果如图7-18所示。

知识要点：加深和减淡工具；涂抹工具；锐化工具；钢笔工具。

素材位置：素材\第7章\戒指.jpg

高清彩图

效果位置：效果\第7章\精修戒指.psd

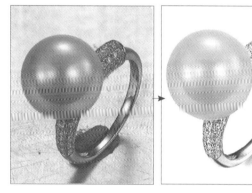

图7-18 精修戒指前后的对比效果

具体操作步骤如下。

STEP 01 打开"戒指.jpg"素材，为便于后期使用，使用"钢笔工具" ✐ 沿着戒指绘制路径，然后将路径转换为选区，将戒指抠取出来，并为背景图层填充"白色"，效果如图7-19所示。

STEP 02 按【Ctrl+Shift+U】组合键对戒指图像进行去色处理，使用"钢笔工具" ✐ 为最外围圆环创建路径，再将路径转换为选区，如图7-20所示。

STEP 03 选择"加深工具" ◔，在工具属性栏中适当调整画笔大小，涂抹圆环的暗部；选择"减淡工具" ◔，在工具属性栏中适当调整画笔大小，涂抹圆环的高光部分，使外围圆环具有金属质感，如图7-21所示。然后取消选区。

视频教学：
课堂案例——精修戒指

图7-19 抠取戒指

图7-20 创建选区

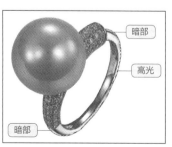

图7-21 修饰外围圆环

暗部

高光

暗部

🔔 **提示**

在涂抹暗部时,应注意边缘的过渡颜色不能过深,否则衔接会很不自然;且加深的区域应避免重复涂抹,否则将导致颜色不均匀。

STEP 04 选择"涂抹工具" 🔲,适当涂抹高光与暗部,使高光与阴影的效果更加自然。

STEP 05 选择"减淡工具" 🔲,涂抹戒指内侧的高光部分;选择"加深工具" 🔲,涂抹戒指内侧的暗部,增强阴影效果,如图7-22所示。修饰效果如图7-23所示。

STEP 06 将珍珠两边的装饰区域创建为选区,选择"减淡工具" 🔲,在工具属性栏中适当调整画笔大小,然后在选区中涂抹以提亮装饰区域,如图7-24所示。

图7-22　修饰内侧　　　　　图7-23　修饰内侧效果　　　　图7-24　提亮装饰区域

STEP 07 选择"锐化工具" 🔲,在工具属性栏中适当调整画笔大小,然后涂抹装饰区域,提高装饰区域清晰度,如图7-25所示。然后取消选区。

STEP 08 将珍珠创建为选区,选择"减淡工具" 🔲,在工具属性栏中适当调整画笔大小,然后涂抹珍珠,提高珍珠整体亮度,如图7-26所示。

STEP 09 在戒指图层下方新建图层,选择画笔工具 🔲,在工具属性栏中适当调整画笔大小,设置画笔硬度为"0",不透明度为"50%",在戒指右下角绘制投影,增加立体感,效果如图7-27所示。完成后查看最终效果,按【Ctrl+S】组合键保存文件,并设置名称为"精修戒指"。

图7-25　提高装饰区域清晰度　　　图7-26　提高珍珠亮度　　　　图7-27　绘制投影

7.2.2　模糊工具

"模糊工具" 🔲可以降低图像中相邻像素之间的对比度,从而使图像产生模糊效果。其操作方法为：选择"模糊工具" △ ，在工具属性栏中通过"强度"值设置模糊的力度，然后在图像中需要模糊的区域按住鼠标左键不放并拖曳鼠标，设置的"强度"值越大，模糊的效果越明显。图7-28所示为使用"模糊工具"模糊背景突出主体物的效果。

图7-28　模糊背景突出主体物的效果

7.2.3　锐化工具

"锐化工具"△可以提高图像中相邻像素之间的对比度，效果与"模糊工具" △相反。其操作方法为：选择"锐化工具" △ ，在工具属性栏中通过"强度"值设置锐化的力度，然后在图像中需要锐化的区域涂抹，设置的"强度"值越大，锐化的效果越明显。图7-29所示为使用"锐化工具"锐化植物区域的效果。

图7-29　锐化植物区域的效果

🔔 提示

　　锐化图像时，若在工具属性栏中勾选"保留细节"复选框，则在涂抹图像时可保护被涂抹图像区域细节的最小化像素。

7.2.4　涂抹工具

"涂抹工具" 🖐可以模拟手指划过湿画布的效果，常用于制作融化、流淌、火焰等效果。其操作方法为：选择"涂抹工具" 🖐 ，在工具属性栏中通过"强度"值设置涂抹的力度，然后在图像中的区域涂抹，设置的"强度"值越大，涂抹的效果越明显。图7-30所示为使用"涂抹工具" 制作融化的草莓效果。

图7-30　制作融化的草莓效果

7.2.5　减淡工具

"减淡工具" 可以降低图像中指定区域的对比度、中性调和暗调等。其操作方法为：选择"减淡工具" ，在工具属性栏中设置减淡的范围和曝光度，然后在图像中需要减淡的区域涂抹，曝光度越大，减淡效果越明显；涂抹次数越多，图像颜色越淡。图7-31所示为使用"减淡工具" 为植物减淡颜色的效果。

图7-31　为植物减淡颜色的效果

7.2.6　加深工具

"加深工具" 可以提高图像中指定区域的对比度、中性调和暗调等，效果与"减淡工具" 相反。其操作方法为：选择"加深工具" ，在工具属性栏中设置加深的范围和曝光度，然后在图像中需要加深的区域涂抹。

7.2.7　海绵工具

"海绵工具" ⬤可以增加或减少图像中指定区域的饱和度。其操作方法为：选择"海绵工具" ⬤，在工具属性栏中设置模式和流量等，然后在图像中涂抹。流量越大，或涂抹的次数越多，去色或增加饱和度的效果越明显。图7-32所示为使用"海绵工具"增加植物饱和度的效果。

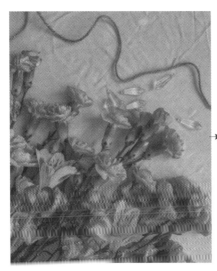 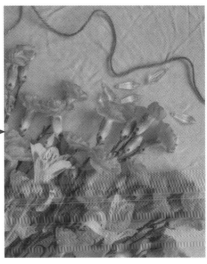

图7-32　增加植物饱和度的效果

技能提升

修饰工具除了能够修饰商品图像外，还能美化人物的妆容，如使用加深工具加深眼影、口红等的色彩，使用锐化工具加强脸部的轮廓和睫毛、眉毛细节等。

请结合本小节所讲知识，尝试使用修饰工具为提供的素材（素材位置：素材\第7章\美化人物妆容.jpg）调整妆容效果，以提升修饰图像的能力和修饰工具的运用能力。美化人物妆容前后的对比效果如图7-33所示。

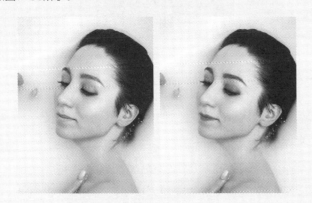

高清彩图

效果示例

图7-33　美化人物妆容前后的对比效果

7.3 课堂实训

7.3.1 精修人物面部

1. 实训背景

在某彩妆品牌拍摄的照片中，模特脸部存在瑕疵，不适合作为宣传图，需要进行相应处理。要求处理后的照片中模特皮肤白皙细腻、干净清爽，注意在处理时尽量不要丢失五官的细节部分，使面部失去立体感。

2. 实训思路

（1）素材分析。观察拍摄的照片（见图7-34），发现人物脸部有斑点，眉毛颜色较淡，部分皮肤有瑕疵，妆容部分细节不足。

（2）处理方法分析。可使用"污点修复画笔工具" ✐ 修复斑点；使用"仿制图章工具" ♣ 修复眉毛；使用"模糊工具" ○ 增加皮肤的细腻度；使用"加深工具" ⊙ 优化五官以及妆容部分细节。

本实训的参考效果如图7-35所示。

高清彩图

图7-34 照片

图7-35 精修人物面部效果

素材所在位置： 素材\第7章\人物面部.jpg

效果所在位置： 效果\第7章\精修人物面部.psd

✐ 设计素养

精修人像的主要操作有统一面部与身体之间的肤色，减少由光线导致的暗部噪点，去除皮肤因为化妆或者其他原因出现的杂黄、斑点、痘印等区域，淡化眼纹、法令纹和颈纹等，去除皮肤表面因为光影或其他原因出现的不平整等问题。

3. 步骤提示

STEP 01 打开"人物面部.jpg"素材文件，选择"污点修复画笔工具" ✏️，适当调整画笔大小，在人物的斑点处单击鼠标左键进行修复。

STEP 02 选择"模糊工具" 💧，在皮肤中较为不平整的区域涂抹，使其看起来较为光滑。

STEP 03 选择"仿制图章工具" 🔖，在眉毛处进行多次取样、涂抹的操作，以修复眉毛。

STEP 04 选择"加深工具" ✍️，在人物眉毛、眼睛、嘴唇的位置涂抹。完成后查看最终效果，按【Ctrl+S】组合键保存文件，并设置文件名称为"精修人物面部"。

视频教学：
精修人物面部

7.3.2 修饰毛巾

1. 实训背景

某家居用品店准备为店内的商品举办促销活动，但拍摄的毛巾商品图像较为模糊，不能体现出毛巾的质感，需要对毛巾图像进行修饰，使其具有更好的展示效果。

2. 实训思路

（1）素材分析。观察拍摄的商品图（见图7-36），发现背景较为杂乱，不太美观，毛巾的纹理不够清晰，且在画面中不够突出。

（2）处理方法分析。可使用"减淡工具" 🔍减淡背景中较深的区域；使用"模糊工具" 💧模糊虚化背景，使商品图像突出显示；使用"加深工具" ✍️调整毛巾的颜色；使用"锐化工具" △加强毛巾的质感。

本实训的参考效果如图7-37所示。

高清彩图

图7-36 商品图

图7-37 修饰毛巾效果

素材所在位置： 素材\第7章\毛巾.jpg

效果所在位置： 效果\第7章\修饰毛巾.psd

3. 步骤提示

STEP 01 打开"毛巾.jpg"素材文件，选择"减淡工具" 🔍，适当调整画笔大小，在背景中的深色区域涂抹，再使用"模糊工具" 💧适当模糊背景。

STEP 02 选择"加深工具" ✍️，在毛巾的区域涂抹，适当加深毛巾的颜色。在涂抹时适当调整画笔大小，注意颜色的过渡。

STEP **03** 选择"锐化工具" ，继续在毛巾的区域涂抹，以突出毛巾的纹理。

STEP **04** 完成后查看最终效果，按【Ctrl+S】组合键保存文件，并设置文件名称
为"修饰毛巾"。

视频教学：
修饰毛巾

7.4 课后练习

练习 1 修复人物特写

某节目为嘉宾拍摄了人物特写，但由于人物皮肤存在瑕疵，因此需要对其进行修复，在制作时需综合利用修复工具调整人物皮肤。人物特写修复前后的对比效果如图7-38所示。

高清彩图

素材所在位置： 素材\第7章\人物特写.jpg

效果所在位置： 效果\第7章\修复人物特写.psd

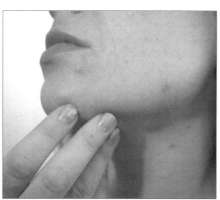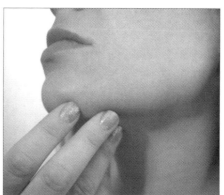

图7-38　人物特写修复前后的对比效果

练习 2 修饰精油瓶

由于光线原因，某护肤品店铺拍摄的商品图像效果不佳，不能直接上传到网络中展示，需要对其进行修饰。制作时可综合运用修饰工具使商品瓶身上的文字清晰，金属部分的外观更具光泽感。精油瓶修饰前后的对比效果如图7-39所示。

素材所在位置： 素材\第7章\精油瓶.jpg

效果所在位置： 效果\第7章\修饰精油瓶.psd

高清彩图

图7-39　精油瓶修饰前后的对比效果

第 **8** 章 使用蒙版与通道

在Photoshop中综合运用蒙版与通道功能，可以制作出复杂、美观的图像。其中蒙版可以用于隐藏部分图像，方便图像合成，并且不会对图像造成损坏；通道可以用于更改图像的色彩，或者抠取复杂的图像。

■ 📖学习目标
 ◎ 掌握蒙版的创建及应用方法
 ◎ 掌握通道的使用方法

■ ◈素养目标
 ◎ 培养认真、仔细的设计态度
 ◎ 培养对图像特效的欣赏能力和想象力

■ ◈案例展示

合成创意图像效果

红枣宣传主图效果

8.1 使用蒙版

蒙版具有在不破坏图像内容的情况下，隐藏图像部分区域的功能，因此常用于图像的修饰与合成。Photoshop中常用的蒙版有图层蒙版、剪贴蒙版和矢量蒙版，不同类型的蒙版有不同的功能，用户可根据图像处理需要进行选择。

8.1.1 课堂案例——合成创意图像

案例说明：某创意设计公司近期准备装修办公区域，打算制作一些图像作为装饰画，悬挂在办公区域，其画面需要与公司的主营业务"创意设计"相关，且整体自然、简洁、较有创意。如图8-1所示。

知识要点：图层蒙版；剪贴蒙版。

素材位置：素材\第8章\自行车.jpg、橘子.jpg、背景.jpg

效果位置：效果\第8章\合成创意图像.psd

高清彩图

图8-1 合成创意图像效果

具体操作步骤如下。

STEP 01 在Photoshop CS6中打开"橘子.jpg"素材文件，使用"快速选择工具" 选择切开的橘子图像，如图8-2所示。然后按【Ctrl+J】组合键复制到新图层中。

STEP 02 打开"自行车.jpg"素材文件，将从"橘子"文件中抠取的图像所在图层拖曳到该文件中，适当调整大小，然后复制该图层，再分别调整两个图层中图像的位置，将其分别放置于自行车的两个轮胎处，如图8-3所示。将两个图层分别命名为"前轮"和"后轮"。

视频教学：
课堂案例——
合成创意图像

图8-2 选取部分图像

图8-3 复制图层

STEP 03 在"图层"面板中选择"前轮"图层，单击下方的"添加图层蒙版"按钮 ▣ ，在该图层右侧将出现图层蒙版的缩览图。

STEP 04 设置"前轮"图层的不透明度为"50%"，以便后续涂抹时观察轮胎的细节部分。选择"画笔工具" ✏️ ，设置硬度为"0"，流量为"50%"，适当调整画笔大小，再设置前景色为"黑色"。

STEP 05 在"前轮"图层的图层蒙版缩览图上单击鼠标左键，然后在图像编辑区中涂抹自行车需要显示的部分，未涂抹的区域将被隐藏，如图8-4所示。涂抹完成后，将该图层的不透明度恢复为"100%"。

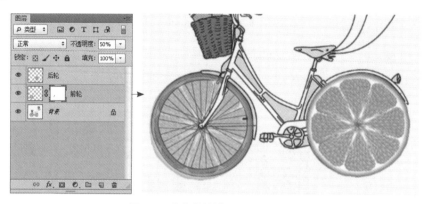

图8-4　隐藏"前轮"图层的部分区域

STEP 06 使用相同的方法为"后轮"图层添加图层蒙版，然后对需要显示的部分进行涂抹，效果如图8-5所示。按【Ctrl+Shift+Alt+E】组合键盖印图层，并将该盖印图层重命名为"合成"。

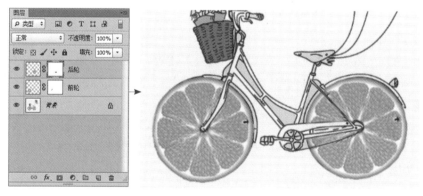

图8-5　隐藏"后轮"图层的部分区域

STEP 07 模拟将画挂在墙上的展示效果。打开"背景.jpg"素材文件，选择"矩形工具" ▣ ，设置填充颜色为"#7d7d7d"，取消描边，沿着画框内部绘制一个矩形，如图8-6所示。

STEP 08 将"自行车"文件中盖印的"合成"图层移至"背景"文件中，并放置在绘制的矩形所在图层上方。选择"合成"图层，单击鼠标右键，在弹出的快捷菜单中选择"创建剪贴蒙版"命令，其显示区域只限定在矩形区域，如图8-7所示。该图层与下方的形状图层被创建为一个剪贴蒙版组，如图8-8所示。

STEP 09 选择"合成"图层，按【Ctrl+T】组合键进入自由变换状态，适当调整图像大小和位置，然后按【Enter】键完成变换，最终效果如图8-9所示。按【Ctrl+S】组合键保存文件，并重命名为

"合成创意图像"。

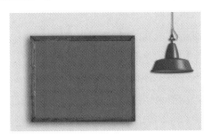

图8-6 绘制矩形

图8-7 创建剪贴蒙版

图8-8 剪贴蒙版组

图8-9 最终效果

8.1.2 图层蒙版

图层蒙版是一个具有256级色阶的灰度图像。它本身不可见,相当于蒙在图层上方,能够起到隐藏下方图层指定区域的作用。其中蒙版的黑色区域表示完全隐藏,蒙版的白色区域表示完整显示,蒙版的灰色区域表示呈半透明显示,且灰色越接近黑色,透明程度越明显,如图8-10所示。

图8-10 图层蒙版

1. 创建图层蒙版

在Photoshop CS6中创建图层蒙版的方式有以下两种。

● 通过菜单命令:选择需要创建图层蒙版的图层,然后选择【图层】/【图层蒙版】命令,在弹出的子菜单中选择相应的命令进行创建。当图层中不存在任何特殊区域时，可选择"显示全部"或"隐藏全部"命令，创建显示或隐藏全部图层内容的蒙版；当在图层中创建选区时，可选择"显示选区"或"隐藏选区"命令，创建只显示或隐藏选区内容的图层蒙版；当图层中存在透明区域时，可选择"从透明区域"命令，创建隐藏透明区域的图层蒙版。

● **通过按钮**：选择需要创建图层蒙版的图层，单击下方的"添加图层蒙版"按钮 ，或直接将该图层拖曳到该按钮上。默认情况下，将创建显示全部图层内容的图层蒙版，即纯白色的蒙版；若在按住【Alt】键的同时单击该按钮，则创建隐藏全部图层内容的图层蒙版，即纯黑色的蒙版。

2. 图层蒙版的基本操作

创建图层蒙版后，可根据图像处理需要对其进行相应的操作。

● **编辑图层蒙版**：图层蒙版是位图，因此可使用大多数工具和滤镜进行编辑，其中常用的有"画笔工具" 和"渐变工具" 。编辑图层蒙版的操作方法为：选择图层蒙版，再选择相应的工具，此时工具箱中的前景色和背景色自动变为白色和黑色，且不能设置为彩色，然后在图层中涂抹。图8-11所示为使用前景色为"黑色"的"画笔工具" 涂抹图层蒙版的效果。

图8-11　涂抹图层蒙版的效果

● **停用/启用图层蒙版**：当需要隐藏图层蒙版以查看原始图层的图像效果时，可选择停用图层蒙版。其操作方法为：选择需要隐藏的图层蒙版，然后选择【图层】/【图层蒙版】/【停用】命令，或在图层蒙版上方单击鼠标右键，在弹出的快捷菜单中选择"停用图层蒙版"命令，该图层蒙版上方将显示为 样式。要重新启用该图层蒙版，直接在停用的图层蒙版上单击鼠标左键即可。

● **删除图层蒙版**：要删除图层蒙版，可选择【图层】/【图层蒙版】/【删除】命令，或在图层蒙版上方单击鼠标右键，在弹出的快捷菜单中选择"删除图层蒙版"命令；而将图层蒙版直接拖曳到下方的"删除"按钮 上，将弹出图8-12所示提示框，若单击 应用 按钮，则合并图层蒙版与图层，并删除图层蒙版；若单击 取消 按钮，则取消删除图层蒙版；若单击 删除 按钮，则直接删除图层蒙版。

图8-12　提示框

● **取消链接图层蒙版**：创建图层蒙版后，图层与图层蒙版之间将显示 图标，表示图层与图层蒙版相互链接，此时对图像进行变形操作，图层蒙版也会同步变形。若不想使图层蒙版变形，则直接单击 🔒 图标取消链接。需要重新链接时，单击取消链接的位置即可恢复链接。

- 移动/复制图层蒙版：要将图层蒙版移动至其他图层上，可直接将图层蒙版拖曳到其他图层上；若按住【Alt】键不放并拖曳图层蒙版到其他图层上，则可将该图层蒙版复制到其他图层中。

8.1.3　剪贴蒙版

通过剪贴蒙版可以使用一个图层控制另一个或多个图层的显示区域。剪贴蒙版由基底图层和内容图层组成，其中内容图层用于控制最终图像的显示内容，基底图层位于内容图层下方，用于限制内容图层的显示范围，且图层组也可作为基底图层存在。基底图层的名称带有下画线，内容图层的缩览图是向右缩进显示的，且左侧带有 ↲ 图标，如图8-13所示。

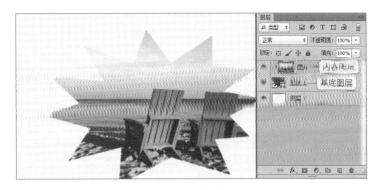

图8-13　剪贴蒙版

剪贴蒙版只能有一个基底图层，但可以有多个内容图层（必须是连续的图层），如图8-14所示。

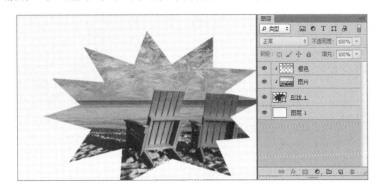

图8-14　多个内容图层

1. 创建剪贴蒙版

在"图层"面板中调整好基底图层和内容图层的顺序之后，可通过以下3种方式创建剪贴蒙版。

- 通过菜单命令：选择内容图层，再选择【图层】/【创建剪贴蒙版】命令或按【Alt+Ctrl+G】组合键。
- 通过快捷菜单命令：在内容图层上方单击鼠标右键，在弹出的快捷菜单中选择"创建剪贴蒙版"命令。

● 通过鼠标指针：按住【Alt】键不放，将鼠标指针移至基底图层和内容图层之间的分界线上，当鼠标指针变为 ▮□ 形状时单击鼠标左键。

🔔 提示

创建好剪贴蒙版后，若还需要添加多个内容图层，则直接将普通图层拖曳到基底图层和内容图层之间，然后调整内容图层的顺序。

2. 释放剪贴蒙版

创建剪贴蒙版后，若效果不太理想，可通过以下4种方式释放剪贴蒙版，恢复内容图层的原始显示效果。

● 通过拖曳内容图层：选择内容图层，直接将其拖曳至基底图层下方进行释放。
● 通过菜单命令：选择内容图层，再选择【图层】/【释放剪贴蒙版】命令或按【Alt+Ctrl+G】组合键，可释放所选图层及其上方的所有内容图层。
● 通过快捷菜单命令：在内容图层上方单击鼠标右键，在弹出的快捷菜单中选择"释放剪贴蒙版"命令，可释放所选图层及其上方的所有内容图层。
● 通过鼠标指针：按住【Alt】键不放，将鼠标指针移至基底图层和内容图层之间的分界线上，当鼠标指针变为 ▮□ 形状时单击鼠标左键，可释放所选图层及其上方的所有内容图层。

8.1.4 课堂案例——制作红枣宣传主图

案例说明： 某企业为响应"乡村振兴"号召，与某红枣生产村签订合约收购大量红枣进行销售。该企业准备将该市的红枣变为乡村振兴的优势产业，将拍摄的红枣图片制作为宣传主图投放到网店中，以真实的效果吸引消费者购买，参考效果如图8-15所示。

知识要点： 矢量蒙版；剪贴蒙版。

素材位置： 素材\第8章\红枣.jpg、文字背景.jpg、红枣背景.jpg

高清彩图

图8-15 红枣宣传主图效果

效果位置： 效果\第8章\红枣宣传主图.psd

具体操作步骤如下。

STEP 01 打开"红枣.jpg"素材文件，选择"钢笔工具" ✐，设置绘图模式为"路径"，围绕红枣以及下方的碟子绘制路径，如图8-16所示。

STEP 02 选择【窗口】/【路径】命令，打开"路径"面板，在工作路径上双击鼠标左键，打开"存储路径"对话框，设置名称为"红枣"，单击  按钮存储路径，以便后期进行调整。

视频教学：
课堂案例——制作红枣宣传主图

STEP 03 按【Ctrl+J】组合键复制背景图层，然后选择【图层】/【矢量蒙版】/【当前路径】命令，并隐藏背景图层，查看创建的矢量蒙版效果，如图8-17所示。

图8-16　绘制路径　　　　　　　　　　　　　　　图8-17　创建矢量蒙版

STEP 04 新建大小为"800像素×800像素"、分辨率为"72像素/英寸"、颜色模式为"RGB颜色"、名称为"红枣宣传主图"的文件。置入"红枣背景.jpg"素材，适当调整大小和位置。

STEP 05 选择"钢笔工具" ✐，设置绘图模式为"形状"，设置填充颜色为"#f9f0e7"，取消描边，在画面下方绘制图8-18所示形状，可利用参考线绘制对称的图形。

STEP 06 新建图层，选择"直线工具" ✐，取消填充颜色，设置描边颜色为"#6d3906"，描边宽度为"1.5点"，线条样式为"虚线"，沿着刚绘制的形状上边缘绘制线条，如图8-19所示。

图8-18　绘制形状　　　　　　　　　　　　　　　图8-19　绘制线条

STEP 07 切换到"红枣"文件中，将抠取好的红枣图像拖曳至"红枣宣传主图"文件中，并将该红枣图层重命名为"红枣"，适当调整大小，将其放置于画面下方，如图8-20所示。

STEP 08 为增强红枣的立体感，为"红枣"图层应用"投影"图层样式，设置不透明度、角度、距离、扩展和大小分别为"75%、120度、7像素、0、21像素"，效果如图8-21所示。

图8-20　调整图像大小和位置　　　　　　　　　图8-21　添加投影效果

STEP 09 选择"横排文字工具"T，设置字体为"汉仪行楷 简"，分别输入"和""田""大""枣"文字，适当调整大小和位置，如图8-22所示。将所有文字图层创建为图层组并重命名为"文字"，以便后续创建剪贴蒙版。

STEP 10 置入"文字背景.jpg"素材，将其置于"文字"图层组上方，然后按【Alt+Ctrl+G】组合键创建剪贴蒙版，如图8-23所示。

STEP 11 适当调整"文字背景"图像的位置。完成后查看最终效果，如图8-24所示。按【Ctrl+S】组合键保存文件。

图8-22 输入文字　　　　图8-23 创建剪贴蒙版　　　　图8-24 最终效果

8.1.5 矢量蒙版

矢量蒙版是使用形状工具组、钢笔工具组等矢量绘图工具创建的蒙版。它可以用于在图层上绘制路径形状控制图像的显示和隐藏，并且可以随时调整与编辑路径节点，创建精确的蒙版区域。创建矢量蒙版的方法为：选择需要添加矢量蒙版的图层，使用矢量绘图工具绘制路径，然后选择【图层】/【矢量蒙版】/【当前路径】命令。

创建好矢量蒙版后，其基本操作有以下3种。

● **在矢量蒙版中添加形状**：在矢量蒙版缩览图上单击鼠标左键，可继续使用钢笔工具组或形状工具组在矢量蒙版中绘制，以添加形状。

● **变换矢量蒙版中的形状**：在需要调整的矢量蒙版缩览图上单击鼠标左键，然后选择"路径选择工具"，在形状上单击鼠标左键，当形状周围出现路径和锚点时，可编辑路径和锚点变换该形状。

● **将矢量蒙版转换为图层蒙版**：在矢量蒙版缩览图上单击鼠标右键，在弹出的快捷菜单中选择"栅格化矢量蒙版"命令，可将其转换为图层蒙版。

疑难解答

怎样隐藏矢量蒙版上图层样式的效果范围？

　　为矢量蒙版所在图层添加图层样式后，在图层名称右侧的空白处双击鼠标左键，打开"图层样式"对话框，在"混合选项"的设置中勾选"矢量蒙版隐藏效果"复选框，矢量蒙版的区域将不会受到图层样式的影响。

**技能
提升**

多重曝光是指将两张或者两张以上的照片叠加，合成为一张具有特殊效果的照片。图8-25所示为采用多重曝光制作的一张照片，请结合本小节所讲知识，分析该作品并进行练习。

高清彩图

（1）可使用蒙版的哪些操作达到多重曝光效果？

_____

_____

（2）尝试利用提供的素材（素材位置：素材\第8章\多重曝光人物.jpg、多重曝光背景.jpg）制作出该效果，以提升蒙版的综合运用能力和设计能力。

图8-25 多重曝光照片

8.2 使用通道

在Photoshop中，使用通道可改变图像中的颜色分量或创建特殊选区，从而制作出复杂的合成图像和特殊效果。

8.2.1 课堂案例——制作护肤品宣传海报

案例说明："RS"品牌即将推出一款以"补水"为主打功效的护肤品，现需为其制作宣传海报，要求画面色彩与护肤品外观相匹配，且装饰元素与"补水主打功效"相关联，以更好地展现该护肤品的特点，参考效果如图8-26所示。

知识要点：通道的基本操作；将通道作为选区载入；复制通道。

素材位置：素材\第8章\护肤品.png、水花.jpg

效果位置：效果\第8章\护肤品宣传海报.psd

高清彩图

图8-26 护肤品宣传海报效果

具体操作步骤如下。

STEP 01 打开"水花.jpg"素材文件，选择【窗口】/【通道】命令，打开"通道"面板，分别在"红""绿""蓝"3个通道上单击鼠标左键以查看显示效果，因为需要抠取半透明的水花效果，因此可选择黑白对比较明显的红通道，如图8-27所示。

STEP 02 将红通道向下拖曳至"创建新通道"按钮 上，复制该通道，然后按【Ctrl+L】组合键打开"色阶"对话框，在"输入色阶"栏的第一个数值框中输入"85"，以加强通道中的黑白对比，效果如图8-28所示。

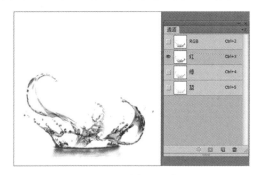

图8-27　选择红通道　　　　　　　　　图8-28　效果展示

提示

在抠取婚纱、毛发或水等较为特殊的对象时，可选择主体与背景对比较明显的通道，再载入选区。若对比不够明显，则通过色阶、曲线等调整通道的明暗度后，再载入选区。

STEP 03 选择复制的红通道，单击"将通道作为选区载入"按钮 载入选区，然后单击"RGB"通道恢复图像效果的显示。切换到"图层"面板，先按【Ctrl+Shift+I】组合键反选选区，然后按【Ctrl+J】组合键将选区中的内容复制到新图层中，为"背景"图层填充"黑色"，查看抠取效果，如图8-29所示。

STEP 04 新建大小为"600像素×800像素"、分辨率为"72像素/英寸"、颜色模式为"RGB颜色"、名称为"护肤品宣传海报"的文件。

STEP 05 选择"渐变工具" ，在工具属性栏中设置渐变颜色为"#459ee8 ~ #acdbf0"，单击"线性渐变"按钮 ，在"背景"图层中创建图8-30所示渐变效果。

STEP 06 置入"护肤品.png"素材，调整素材位置。将从"水花"文件中抠取出的水花拖曳到"护肤品宣传海报"文件中并重命名为"水花"，调整水花的大小和位置，效果如图8-31所示。

STEP 07 选择"水花"图层，单击下方的"添加图层蒙版"按钮 ，设置前景色为"黑色"，选择"画笔工具" ，在工具属性栏中设置不透明度和流量均为"40%"，在图层蒙版中涂抹，减淡水花中间部分的色彩，如图8-32所示。

STEP 08 选择"横排文字工具" T ，输入图8-33所示文字，设置字体为"方正正准黑简体"，文字颜色分别为"白色"和"#2f71df"，适当调整文字大小和位置。完成后查看最终效果，并按【Ctrl+S】组合键保存文件。

图8-29 查看抠取效果

图8-30 创建渐变效果

图8-31 效果展示

图8-32 调整图层蒙版

图8-33 输入文字

8.2.2 认识通道和"通道"面板

通道用于存放颜色信息和选区，一个图像最多可以有56个通道。用户可以分别对每个通道进行明暗度、对比度等的调整，从而使图像产生各种特殊效果。

1. 认识通道

在Photoshop中，通道分为颜色通道、Alpha通道和专色通道3种类型，不同类型通道的作用和特征都有所不同。

● 颜色通道：颜色通道用于记录图像内容和颜色信息。颜色模式不同的图像对应的颜色通道也不同。图8-34所示为RGB图像的颜色通道；图8-35所示为CMYK图像的颜色通道；图8-36所示为Lab图像的颜色通道。

● Alpha通道：Alpha通道是计算机图形学中的术语，指的是特别的通道。Alpha通道的作用多与选区相关，用户可通过Alpha通道保存选区，也可将选区存储为灰度图像，以便通过画笔、滤镜等修改选区；还可以从Alpha通道中载入选区。默认情况下，新创建的通道名称为Alpha X（X为按创建顺序依次排列的数字）通道。

● **专色通道**：专色是为印刷出特殊效果而预先混合的油墨，可以替代或补充除了C、M、Y、K以外的油墨，如明亮的橙色、绿色、荧光色及金属金银色等油墨颜色。专色通道就是用于存储印刷时使用的专色的通道。如果要印刷带有专色的图像，就需要在图像中创建一个存储这种颜色的专色通道。一般情况下，专色通道都以专色的颜色命名。

图 8-34　RGB 图像的颜色通道

图 8-35　CMYK 图像的颜色通道

图 8-36　Lab 图像的颜色通道

🔔 **提示**

在打开或创建一个新的图像文件后，都将自动创建颜色通道，而Alpha通道和专色通道需要手动创建。

2. 认识"通道"面板

通道的基本操作大多在"通道"面板中进行，选择【窗口】/【通道】命令，可打开图8-37所示"通道"面板。

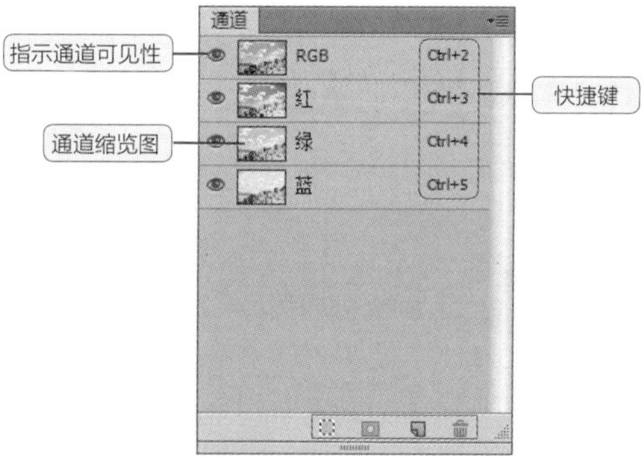

● **指示通道可见性**：当通道名称前显示👁图标时，表示该通道可见；当显示▣图标时，表示该通道不可见。

● **通道缩览图**：通道名称左侧显示了通道内容的缩览图。在编辑通道时，缩览图会自动更新。

图 8-37　"通道"面板

● **快捷键**：通道名称右侧显示了每个通道对应的快捷键，使用快捷键选择通道可以有效提高图像的制作效率。例如，在RGB颜色模式的图像文件中，按【Ctrl+3】组合键可选择红通道；按【Ctrl+2】组合键可选择复合通道。

● **"将通道作为选区载入"按钮**▦：单击该按钮，可以将当前通道中的图像内容转换为选区。其中缩览图中白色区域为全部选取的部分，灰色区域为半透明选取的部分。

● **"将选区存储为通道"按钮**▣：单击该按钮，可以自动创建一个Alpha通道，并将图像中的选区存储在其中。选择【选择】/【存储选区】命令和单击该按钮的作用相同。

● **"创建新通道"按钮**▢：单击该按钮，可以创建一个新的Alpha通道。

● **"删除当前通道"按钮**🗑：单击该按钮，可以删除当前选择的通道。

8.2.3 通道的基本操作

在"通道"面板中，用户可通过选择通道、移动通道和编辑通道等基本操作对图像进行一些简单的操作。

1. 选择通道

在"通道"面板中的某个通道上单击鼠标左键，即可选择需要显示的通道。选择单个通道后，图像将只显示该通道中的颜色信息，白色区域占比越多，说明该色彩在图像中的占比就越多。图8-38所示为原图；图8-39所示为选择图像中红通道的效果。若在按住【Shift】键的同时选择某通道，则可同时选择多个通道，图像效果也会叠加显示。图8-40所示为同时选择红通道和绿通道的效果。

图8-38 原图　　图8-39 选择红通道的效果　　图8-40 选择红通道和绿通道的效果

2. 移动通道

在"通道"面板中选择单个或多个通道后，使用"移动工具" 移动通道可改变原图像的色彩效果。在不同通道下移动图像，将出现不同色彩的效果。图8-41所示为向左移动红通道的效果；图8-42所示为向左移动蓝通道的效果。

图8-41 向左移动红通道的效果　　图8-42 向左移动蓝通道的效果

3. 编辑通道

若需要改变图像中某种色彩的占比，则直接调整通道中的黑白占比。其操作方法为：选择通道，调整明暗度，或直接使用"画笔工具" 进行涂抹，调整时图像中的色彩会随之发生变化。图8-43所示为增加蓝通道亮度前后的对比效果。

> **提示**
>
> 重命名通道的方法与重命名图层的方法相同，但不能对默认自动组成的颜色通道进行重命名操作，而且新通道的名称不能与默认颜色通道的名称相同。

图8-43 增加蓝通道亮度前后的对比效果

8.2.4 课堂案例——使用通道美白人物皮肤

案例说明：某摄影师发现客户写真中人物肤色与背景色过于接近，人物不突出，现需要对其进行调整，要求在不影响头发色彩的前提下美白人物皮肤。美白人物皮肤前后的对比效果如图8-44所示。

知识要点：选择通道；复制通道内容；粘贴通道到图层中；图层蒙版。

素材位置：素材\第8章\客户写真.jpg

高清彩图

图8-44 美白人物皮肤前后的对比效果

效果位置：效果\第8章\美白人物皮肤.psd

具体操作步骤如下。

STEP 01 打开"客户写真.jpg"素材文件，然后打开"通道"面板，查看3个通道的颜色对比，因为需要美白人物皮肤，因此选择肤色占比较多的红通道，如图8-45所示。

STEP 02 按【Ctrl+A】组合键选择所有通道，再按【Ctrl+C】组合键复制。切换到"图层"面板，新建图层 1，按【Ctrl+V】组合键粘贴到图层中，效果如图8-46所示。

STEP 03 设置"图层 1"图层的混合模式为"柔光"，以提高图像的对比度，效果如图8-47所示。

STEP 04 此时图像整体颜色都发生了改变，可通过图层蒙版进行调整。选择"图层 1"图层，单击下方的"添加图层蒙版"按钮 ，为其添加图层蒙版，然后选择"画笔工具" ，并设置前景色为"黑色"，在该图层蒙版中涂抹除人物皮肤外的其他区域，包括头发、五官、背景等，效果如图8-48所示。

STEP 05 完成后查看最终效果，并按【Ctrl+S】组合键保存文件。

视频教学：
课堂案例——使用通道美白人物皮肤

图8-45 选择红通道

图8-46 效果展示（1）

图8-47 设置混合模式后的效果

图8-48 效果展示（2）

8.2.5 复制与粘贴通道

在处理图像时，图层中的图像和通道中的图像可以互相复制粘贴，从而产生不同的图像效果。

- 将通道中的图像粘贴到图层中：在"通道"面板中选择需要复制的通道，按【Ctrl+A】组合键全选该通道内的所有图像，再按【Ctrl+C】组合键复制，然后切换到"图层"面板中，最后按【Ctrl+V】组合键粘贴到图层中。
- 将图层中的图像粘贴到通道中：在"图层"面板中选择需要复制的图层，按【Ctrl+A】组合键全选该图层内的所有图像，再按【Ctrl+C】组合键复制，然后在"通道"面板中新建通道，最后按【Ctrl+V】组合键粘贴图像。图8-49所示为将图层中的图像粘贴到红通道前后的对比效果。
- 将通道中的图像粘贴到其他通道中：在"通道"面板中选择需要复制的通道，按【Ctrl+A】组合键全选图像，再按【Ctrl+C】组合键复制，然后选择其他通道，最后按【Ctrl+V】组合键将复制的通道粘贴到其他通道中，可直接改变通道中的色彩占比。图8-50所示为将红通道中的图像粘贴到蓝通道前后的对比效果。

图8-49 将图层中的图像粘贴到红通道前后的对比效果　　图8-50 将红通道中的图像粘贴到蓝通道前后的对比效果

提示

若创建选区后再复制与粘贴通道,则只会改变图像中选区的效果。

8.2.6 课堂案例——制作"想"艺术展海报

案例说明:溪城展览馆即将举办以"想"为主题的艺术展,需要制作符合该主题的海报,要求画面具有梦幻色彩,表现出艺术感的想象世界,再搭配艺术展的相关文字信息,参考效果如图8-51所示。

知识要点:合并通道;编辑通道。

素材位置:素材\第8章\女生.jpg、日出.jpg、花.jpg

效果位置:效果\第8章\"想"艺术展海报.psd

高清彩图

图8-51 "想"艺术展海报效果

具体操作步骤如下。

STEP 01 打开"女生.jpg""日出.jpg""花.jpg"素材文件,选择【图像】/【模式】/【灰度】命令,打开"信息"提示框,单击 扔掉 按钮。将3张图像都转换为灰度模式,以便后续进行合并操作,如图8-52所示。

视频教学:
课堂案例——制作"想"艺术展海报

图8-52 转换为灰度模式

STEP 02 切换到"花"文件中，选择【图像】/【调整】/【亮度/对比度】命令，打开"亮度/对比度"对话框，适当调整亮度和对比度，如图8-53所示。

STEP 03 打开"通道"面板，单击右上角的 ≡ 按钮，在弹出的下拉列表框中选择"合并通道"命令，打开"合并通道"对话框，在"模式"下拉列表框中选择"RGB颜色"选项。单击 确定 按钮，打开"合并RGB通道"对话框，在"红色、绿色、蓝色"下拉列表框中分别选择"日出.jpg、花.jpg、女生.jpg"选项，如图8-54所示。然后单击 确定 按钮。此时3张图像默认合并为一个图像文件，效果如图8-55所示。

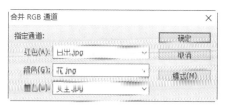

图8-53　调整亮度/对比度　　　　　　图8-54　"合并RGB通道"对话框

STEP 04 打开"通道"面板，使用前景色为"黑色"的"画笔工具" 在绿通道的人物部分涂抹，使人物突出显示，效果如图8-56所示。

STEP 05 选择"横排文字工具" T，输入图8-57所示文字，设置"想 艺术展"文字的字体为"方正水黑简体"，其他文字的字体为"方正书宋简体"，适当调整文字大小、行距和字距，使用"椭圆工具" 在"想"字周围绘制描边颜色、描边宽度分别为"白色、2点"的圆环，将其他文字设置为"仿粗体"样式。完成后查看最终效果，按【Ctrl+S】组合键保存文件，并将文件命名为"'想'艺术展海报"。

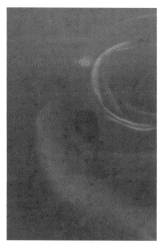 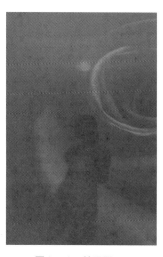 

图8-55　合并图像　　　　　图8-56　效果展示　　　　　图8-57　输入文字

8.2.7 分离与合并通道

在处理图像时，可以将图像中的各通道分离出来单独编辑，待编辑完成后再将其合并。

1. 分离通道

在分离通道时，因为不同颜色模式的图像具有不同数量的通道，所以分离出的文件个数也不同。例如RGB颜色模式的图像会分离出3个独立文件，CMYK颜色模式的图像会分离出4个独立文件。这里以RGB颜色模式的图像为例分离图像通道。打开"通道"面板，单击右上角的 ▇ 按钮，在弹出的下拉列表框中选择"分离通道"命令，即可分离通道。此时，自动生成3个通道对应的灰度模式图像文件，分别以原始图像名称加后缀"_红""_绿""_蓝"为名。分离出来的3个图像文件如图8-58所示。

图8-58　分离通道

2. 合并通道

合并通道可以合并同一张图像分离出来的通道，也可以合并不同图像的通道，但要合并的图像必须为灰度模式图像，并且图像分辨率、尺寸必须保持一致。其操作方法为：打开需要合并的图像，选择【图像】/【模式】/【灰度】命令，将图像转化为灰度模式，然后打开"通道"面板，单击右上角的 ▇ 按钮，在弹出的下拉列表框中选择"合并通道"命令，打开"合并通道"对话框（见图8-59）。在"模式"下拉列表框中可选择对应的模式，这里以RGB颜色模式为例。单击 确定 按钮，打开"合并 RGB 通道"对话框（见图8-60），设置指定通道后，单击 确定 按钮，即可合并通道。

图8-59　"合并通道"对话框

图8-60　"合并RGB通道"对话框

🔗 **资源链接**

通道的作用并不仅限于存储选区、抠图和合并图像等，还经常用于混合图像。常用的方法有使用"应用图像"命令和"计算"命令，具体操作可扫描右侧的二维码查看。

扫码看详情

通过编辑、移动通道等操作，可以修改图像的色彩。图8-61所示为使用通道对礼物盒进行调色前后的对比效果。请结合本小节所讲知识，尝试为提供的素材（素材位置：素材\第8章\礼物盒.jpg）修改颜色。

高清彩图　　　　效果示例

图8-61　使用通道进行调色前后的对比效果

8.3
课堂实训

8.3.1 制作长城旅游 DM 单

1. 实训背景

长城是中华民族的伟大象征之一。行之有旅行社为更好地传播长城文化，弘扬民族精神，准备开设以"长城"为主题的特色旅游路线，现需要制作DM单进行宣传。要求画面中要有长城的风景图，添加文字简单介绍旅游路线，并表明旅行社的相关信息，尺寸为210毫米×297毫米。

2. 实训思路

（1）背景设计。为使DM单画面看起来更加广阔、深远，可直接使用一张长城的远景照片作为背景，再利用图层蒙版调整图像边缘，并留有一定的空白区域。

（2）版式设计。为完善画面，还可在左上角添加长城的近景照片，通过剪贴蒙版使其显示在圆环中，如图8-62所示。

（3）文字设计。在画面右上角可点明DM单的主题"长城游"，然后在左侧中部输入旅游路线等相关信息，最后在左下角写明旅行社的名称和联系方式。

本实训的参考效果如图8-63所示。

高清彩图

图 8-62　版式设计　　　　　　　图 8-63　参考效果

素材所在位置： 素材\第8章\长城01.jpg、长城02.jpg

效果所在位置： 效果\第8章\长城旅游DM单.psd

设计素养

　　"DM"是"Direct Mail Adrertising（直邮广告）"的简称，是区别于传统广告刊载媒体的新型广告发布载体。它除了用邮寄方式以外，还可以借助其他媒介，如传真、杂志、电视等传播。其形式多种多样，如信件、订货单、宣传单和折价券等都属于 DM 单。

3. 步骤提示

STEP 01 新建大小为"210毫米×297毫米"、分辨率为"72像素/英寸"、颜色模式为"CMYK颜色"、名称为"长城旅游DM单"的文件。置入"长城01.jpg"素材，适当调整大小和位置，使长城图像位于右侧。

视频教学：
制作长城旅游
DM 单

STEP 02 设置"长城01"图层的不透明度为"60%"，并为其添加图层蒙版，使其四周图像不显示。

STEP 03 使用"椭圆工具" ◯ 在左上角绘制一个正圆，设置描边颜色为"白色"，描边宽度为"10点"。置入"长城02.jpg"素材，将其放置于正圆之上，再为其创建剪贴蒙版，适当调整大小和位置，使长城的细节部分展示在其中。

STEP 04 使用"矩形工具" ▇ 在左侧中部绘制一个白色的矩形作为旅游路线文字的背景。

STEP 05 选择"横排文字工具" T，输入路线信息和旅行社相关信息文字，设置字体分别为"汉仪柏青体简""汉仪全唐诗简"，适当调整文字大小、位置和取向，再对部分文字应用"投影"样式。复制"长城游"文字图层并修改颜色为"#6d4f22"，调整图像位置制作阴影效果。完成后查看最终效果，并按【Ctrl+S】组合键保存文件。

8.3.2 制作彩妆 Banner

1. 实训背景

"之芝"美妆店即将上新一批彩妆，准备对店内所有商品进行促销活动。店铺需要制作移动端Banner，现提供了一张模特图，但其彩妆效果不太好，需要先优化再制作。要求该移动端Banner符合主题，整体风格时尚大方，活动信息一目了然，尺寸大小为768像素×1280像素。

2. 实训思路

（1）素材分析。分析人物素材（见图8-64），发现人物皮肤较暗，可使用通道对人物皮肤进行美白，让广告画面更加美观。

（2）色彩分析。彩妆类广告的受众主要为女性，因此广告风格可倾向时尚大方，以增添广告的感染力，可使用通道调整背景图像的色调。调整背景图像色调前后的对比效果如图8-65所示。

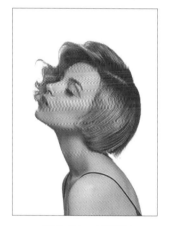
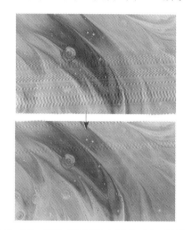

图8-64　人物素材　　　　图8-65　调整背景图像色调前后的对比效果

（3）文字信息。广告中的文字需要准确传达出活动的信息，要直接明了地展示活动文字，并突出显示重点信息。

本实训的参考效果如图8-66所示。

图8-66　参考效果

素材所在位置： 素材\第8章\彩妆模特.png、彩妆背景.jpg、彩妆Banner文字.psd

效果所在位置： 效果\第8章\彩妆Banner.psd

3. **步骤提示**

视频教学:
制作彩妆Banner

STEP 01 打开"彩妆模特.png"素材文件，打开"通道"面板，将肤色占比较多的红通道复制到图层面板中，并利用图层蒙版擦除头发和妆容部分，再调整色阶使其更为自然。

STEP 02 打开"彩妆背景.jpg"素材，载入绿通道的选区，再按【Ctrl+Shift+I】组合键反选选区，使用"加深工具" 对选区部分进行涂抹，将颜色调整为浅蓝色。选择蓝通道，按【Ctrl+D】组合键取消选区，使用"减淡工具" 进行涂抹。

STEP 03 使用"圆角矩形工具" 绘制一个尺寸为"1167像素×627像素"、填充颜色为"白色"、圆角半径为"0像素"的圆角矩形，设置混合模式为"柔光"，不透明度为"80%"，然后按【Ctrl+E】组合键盖印图层。

STEP 04 添加"曲线"和"色相/饱和度"调整图层，再调整背景色彩。

STEP 05 新建大小为"1280像素×768像素"、分辨率为"72像素/英寸"、颜色模式为"RGB颜色"、名称为"彩妆Banner"的文件。将调整好的背景图像和人物拖曳到其中，适当调整大小和位置。

STEP 06 为避免调整人物的色阶影响到背景，可为调整图层创建剪贴蒙版。

STEP 07 打开"彩妆Banner文字.psd"素材，将"文字"图层组移至"彩妆Banner"文件中，适当调整大小和位置。完成后查看最终效果，并按【Ctrl+S】组合键保存文件。

8.3.3 制作婚纱店铺宣传海报

1. **实训背景**

明意婚纱店的线上店铺正式营业，为扩大店铺知名度和影响力，准备将拍摄的婚纱照片制作成宣传海报。要求画面简洁、干净，视觉效果美观，尺寸大小为1280像素×720像素。

2. **实训思路**

（1）素材分析。分析婚纱照片（见图8-67），背景样式不适合作为宣传海报，需要将人物抠取出来，可通过通道载入选区的方式抠取婚纱的半透明效果。抠取效果如图8-68所示。

图8-67　婚纱照片　　　　　　　图8-68　抠取效果

（2）色彩设计。提到婚礼，人们通常都会联想到"喜庆""热闹"。因此，主色彩可采用热情大方的红色，辅助色可采用与人物图像主色一致的白色，使整体颜色和谐统一。

（3）排版设计。画面可采用左文右图的排版方式，左侧放置文字信息，右侧放置婚纱照片，对称均衡的画面能给人带来稳定的视觉印象。

本实训的参考效果如图8-69所示。

图8-69 参考效果

素材所在位置： 素材\第8章\婚纱照片.jpg

效果所在位置： 效果\第8章\婚纱店铺宣传海报.psd

3．步骤提示

高清彩图

STEP 01 打开"婚纱照片.jpg"素材文件，使用"魔棒工具" 抠取出人物，然后选择与背景色差较大的红通道，将该通道载入选区，切换到"图层"面板，复制选区中的内容到新图层中。

STEP 02 为人物图层创建图层蒙版，选择"画笔工具" ，并设置前景色为"黑色"，再对半透明婚纱部分进行涂抹，显示出通过通道选取的部分。然后将"图层1""图层2"图层盖印为"人物"图层。

视频教学：
制作婚纱店铺宣传海报

STEP 03 新建大小为"1280像素×720像素"、分辨率为"72像素/英寸"、颜色模式为"RGB颜色"、名称为"婚纱店铺宣传海报"的文件。新建图层，为"图层1"图层填充"#b23d34"颜色。

STEP 04 使用"矩形工具" 绘制一个略小于画面的矩形，取消填充，设置描边为白色，描边宽度为"6点"，分别在右上角和左侧绘制白色矩形作为文字背景。

STEP 05 将抠取的"人物"图层拖曳到"婚纱店铺宣传海报"文件中，适当调整大小，放置于画面右侧。

STEP 06 选择"横排文字工具" T，在画面中输入相关文字信息，设置字体分别为"方正大黑简体""方正黑体_GBK""汉仪菱心体简"，文字颜色分别为"#b23d34"和"白色"，并分别调整文字大小和位置。完成后查看最终效果，并按【Ctrl+S】组合键保存文件。

8.4 课后练习

练习 1 合成电影宣传灯箱广告

"双重"电影即将上映，为扩大宣传，吸引观众前来观影，需要制作该电影的灯箱广告。要求展示出该电影的名称以及导演、主演等信息。制作时可利用通道实现重影效果，使其融合更加自然，再利用图层蒙版擦除装饰图像。本练习完成后的参考效果如图8-70所示。

素材所在位置： 素材\第8章\装饰.jpg、电影人物.jpg

效果所在位置： 效果\第8章\电影宣传灯箱广告.psd

高清彩图

图8-70 电影宣传灯箱广告

练习 2 制作女装上新 Banner

某时尚网站即将上新一批夏季女装，需要制作相关Banner放在网站首页，向消费者传达相关信息。要求画面简单大方，且模特与背景图像相契合。制作时可利用通道抠取模特的头发部分，再利用通道美白模特皮肤。本练习完成后的参考效果如图8-71所示。

素材所在位置： 素材\第8章\女装模特.jpg、女装背景.jpg

效果所在位置： 效果\第8章\女装上新Banner.psd

高清彩图

图8-71 女装上新 Banner

练习 **3** 制作运动宣传广告 DM 单

　　滑板健身工作室准备制作运动宣传广告DM单，以让更多人了解并加入其中。要求画面时尚炫酷，给观者带来强烈的视觉效果。制作时可通过移动通道完成颜色错位的效果，通过图层蒙版完成边框效果，再绘制一些装饰线条，使整体效果更炫酷。本练习完成后的参考效果如图8-72所示。

　　素材所在位置： 素材\第8章\运动.jpg、运动宣传广告文字.psd

　　效果所在位置： 效果\第8章\运动宣传广告DM单.psd

高清彩图

图8-72　运动宣传广告DM单

第 **9** 章

添加滤镜特效

滤镜主要用于为图像制作特殊效果，使图像取得理想的艺术氛围。Photoshop的"滤镜"菜单中内置了各类滤镜，使用这些滤镜不仅可以轻松制作出很多奇特效果，还能够模拟出素描、油画等艺术性很强的绘画效果。

📖 学习目标

◎ 掌握应用滤镜库的方法
◎ 掌握应用独立滤镜和滤镜组的方法

◇ 素养目标

◎ 提升制作特殊效果图像的能力
◎ 积极探索不同滤镜产生的图像效果

◈ 案例展示

插画风格书籍封面效果

油画风格手机壁纸效果

9.1 应用滤镜库

滤镜库整合了"风格化""画笔描边""扭曲""素描""纹理""艺术效果"6组滤镜，可单独或组合应用于图像中。

9.1.1 课堂案例——制作插画风格书籍封面

案例说明：某出版社将要为即将出版的书籍制作封面，要求封面为插画风，制作时可利用滤镜库调整照片。制作前后的对比效果如图9-1所示。

知识要点：滤镜库的使用；"海报边缘"滤镜；"木刻"滤镜。

素材位置：素材\第9章\插画.jpg、插画背景.jpg

效果位置：效果\第9章\插画风格书籍封面.psd

高清彩图

图9-1　制作前后的对比效果

具体操作步骤如下。

STEP 01 在Photoshop CS6中打开"插画.jpg"素材文件，按【Ctrl+J】组合键复制图层并重命名为"人物"，然后使用"快速选择工具" 选择"人物"图层的人物部分，如图9-2所示。

STEP 02 在工具属性栏中单击 调整边缘... 按钮，打开"调整边缘"对话框，设置参数如图9-3所示。涂抹头发边缘以调整选区，然后单击 确定 按钮。

图9-2　选择人物部分

图9-3　设置参数

视频教学：课堂案例——制作插画风格书籍封面

STEP 03 选择【图层】/【图层蒙版】/【显示选区】命令，然后隐藏背景图层，查看人物抠取效果，再按【Ctrl+J】组合键复制图层并重命名为"轮廓"。

STEP 04 选择"轮廓"图层，按【Ctrl+Shift+U】组合键去色，然后选择【图像】/【调整】/【亮度/对比度】命令，打开"亮度/对比度"对话框，设置亮度、对比度均为"26"，单击 确定 按钮，效果如图9-4所示。

STEP 05 选择"轮廓"图层，然后选择【滤镜】/【滤镜库】命令，打开"滤镜库"对话框，展开"艺术效果"滤镜组，选择"海报边缘"滤镜，设置参数如图9-5所示。然后单击 确定 按钮。

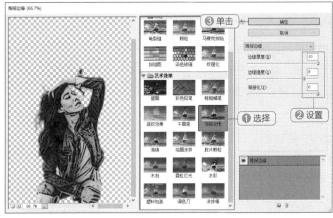

图9-4 效果展示　　　　　　　　　　图9-5 设置"海报边缘"滤镜

STEP 06 选择"轮廓"图层，然后选择【滤镜】/【滤镜库】命令，打开"滤镜库"对话框，展开"艺术效果"滤镜组，选择"木刻"滤镜，设置参数如图9-6所示。在左侧预览应用效果，然后单击 确定 按钮。

STEP 07 按【Ctrl+L】组合键打开"色阶"对话框，调整色阶以加强图像对比，如图9-7所示。单击 确定 按钮，然后设置"轮廓"图层的混合模式为"正片叠底"。

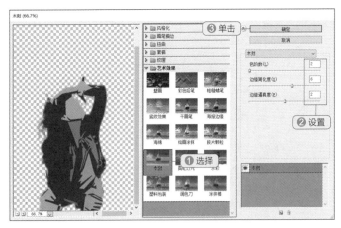

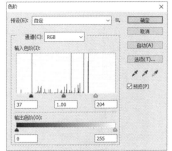

图9-6 设置"木刻"滤镜　　　　　　　　　　图9-7 调整色阶

STEP 08 选择"人物"图层，使用与步骤06相同的方法应用"木刻"滤镜并设置色阶数、边缘简化度、边缘逼真度分别为"8""4""2"，按【Ctrl+L】组合键打开"色阶"对话框，将"输入色阶"栏两端的滑块向中间拖曳，使用白色吸管 吸取脸部较浅的灰色使其变为白色。

STEP 09 新建大小为"210毫米×297毫米"、分辨率为"72像素/英寸"、颜色模式为"CMYK颜色"、名称为"插画风格书籍封面"的文件。

STEP 10 置入"插画背景.jpg"素材，栅格化图层后按【Ctrl+L】组合键打开"色阶"对话框，在"输入色阶"栏右端数值框中输入"64"，然后按【Ctrl+Shift+U】组合键去色，再次打开"色阶"对话框，将"输入色阶"栏左侧的滑块向右拖曳到适当位置，以加强图像对比。调整插画背景前后的对比效果如图9-8所示。

STEP 11 切换到"插画"文件，将制作好的人物部分图层拖曳到"插画风格书籍封面"文件中。使用"矩形工具" ▣ 在左上角绘制一个白色矩形，选择"直排文字工具" ⅠT ，设置字体为"方正书宋简体"，文字颜色为"黑色"，在矩形中输入图9-9所示文字，适当调整大小。完成后查看最终效果，并按【Ctrl+S】组合键保存文件。

图9-8　调整插画背景前后的对比效果　　　　图9-9　输入文字

9.1.2 认识滤镜库

选择【滤镜】/【滤镜库】命令，打开图9-10所示"滤镜库"对话框。在其中可选择需要的滤镜并设置参数，还可叠加使用多种滤镜效果。

图9-10　"滤镜库"对话框

堆栈栏：用于对当前选择的滤镜效果进行隐藏、显示等操作。与"图层"面板类似，通过下方的按钮可新建或删除滤镜图层。

9.1.3 认识滤镜库中的滤镜

滤镜库中不同滤镜组下的滤镜效果都不同，用户可根据需要应用不同的滤镜。

1. "风格化"滤镜组

"风格化"滤镜组可以对图像的像素进行位移、拼贴和反色等操作，以强调图像的轮廓。该滤镜组仅提供了"照亮边缘"滤镜，通过该滤镜可以照亮图像边缘轮廓。

2. "画笔描边"滤镜组

"画笔描边"滤镜组可以模拟不同的画笔或油墨笔刷来勾画图像，从而产生不同风格的绘画效果。该滤镜组提供了8种滤镜。

- 成角的线条：可以使图像中的颜色按一定的方向流动，从而产生类似倾斜划痕的效果。
- 墨水轮廓：可以模拟使用纤细的线条在图像原细节上重绘图像，从而生成钢笔画风格的图像效果。
- 喷溅：可以使图像产生类似喷枪喷绘的自然效果。
- 喷色描边：与"喷溅"滤镜效果比较类似，可以使图像产生斜纹飞溅的效果。
- 强化的边缘：可以对图像的边缘进行强化处理。
- 深色线条：可以使用短而密的线条来绘制图像的深色区域，使用长而白的线条来绘制图像的浅色区域。
- 烟灰墨：可以模拟使用蘸满黑色油墨的湿画笔在宣纸上绘画的效果。
- 阴影线：可以模拟铅笔阴影线为图像添加纹理，使图像表面生成交叉状倾斜划痕的效果。其中，"强度"数值框用来控制交叉划痕的强度。

3. "扭曲"滤镜组

"扭曲"滤镜组可以对图像进行扭曲变形。该滤镜组提供了3种滤镜。

- 玻璃：可以制作细小的纹理，使图像看起来像是透过波纹型玻璃观察的效果。
- 海洋波纹：可以在图像表面增加随机间隔的波纹，使图像产生一种在海面漂浮的效果。
- 扩散亮光：可以渲染使图像中较亮的区域产生一种光照效果。

4. "素描"滤镜组

"素描"滤镜组中的滤镜效果比较接近素描效果，并且大部分是单色。素描类滤镜可根据图像中高色调、半色调和低色调的分布情况，使用前景色和背景色按特定的运算方式进行填充，使图像产生素描、速写和三维的艺术效果。该滤镜组提供了14种滤镜。

- 半调图案：可以使用前景色和背景色将图像以网点效果显示。

- 便条纸：可以将图像以当前前景色和背景色混合，产生凹凸不平的草纸画效果。其中前景色作为凹陷部分，背景色作为凸出部分。
- 粉笔和炭笔：可以产生粉笔和炭笔涂抹的草图效果。在处理过程中，粉笔使用背景色，用来处理图像较亮和中间调的区域；炭笔使用前景色，用来处理图像较暗的区域。
- 铬黄渐变：可以模拟液态金属的效果。
- 绘图笔：可以使用前景色和背景色生成一种钢笔画素描效果。图像中没有轮廓，只有变化的笔触效果。
- 基底凸现：可以模拟粗糙的浮雕效果。图像的深色区域使用前景色，浅色区域使用背景色。
- 石膏效果：可以产生一种石膏浮雕效果，且图像以前景色和背景色填充。
- 水彩画纸：可以制作出类似在潮湿的纸上绘图并产生画面浸湿，使颜色溢出和混合的效果。
- 撕边：可以在图像的前景色和背景色的交界处生成粗糙及撕破纸片形状的效果。
- 炭笔：可以将图像以类似炭笔画的效果显示出来。前景色代表笔触的颜色，背景色代表纸张的颜色。在绘制过程中，阴影区域用黑色对角炭笔线条替换。
- 炭精笔：可以在图像上模拟浓黑和纯白的炭精笔纹理效果。在图像的深色区域使用前景色，在浅色区域使用背景色。
- 图章：可以使图像产生类似生活中印章的效果。
- 网状：可以使用前景色和背景色填充图像，使图像产生网眼覆盖效果。
- 影印：可以模拟影印效果。它用前景色填充图像的高亮区，用背景色填充图像的暗区。

5．"纹理"滤镜组

"纹理"滤镜组可以使图像产生纹理效果。该滤镜组提供了6种滤镜。

- 龟裂缝：可以使图像产生龟裂纹理，从而制作出具有浮雕的立体图像效果。
- 颗粒：可以在图像中随机加入不规则的颗粒，从而产生颗粒纹理效果。
- 马赛克拼贴：可以使图像产生马赛克网格效果，还可以调整网格的大小以及缝隙的宽度和深度。
- 拼缀图：可以将图像分割成数量不等的小方块，用每个方块内像素的平均颜色作为该方块的颜色，模拟建筑拼贴瓷砖的效果，类似生活中的拼图效果。
- 染色玻璃：可以在图像中产生不规则的玻璃网格，每格的颜色由该格的平均颜色决定。
- 纹理化：可以为图像添加砖形、粗麻布、画布和砂岩等纹理效果，还可以调整纹理的大小和深度。

6．"艺术效果"滤镜组

"艺术效果"滤镜组可以通过模仿传统手绘图画的方式绘制出不同风格的图像。该滤镜组提供了15种滤镜。

- 壁画：可以使图像产生类似壁画的效果。
- 彩色铅笔：可以将图像以彩色铅笔绘画的方式显示出来。
- 粗糙蜡笔：可以使图像产生类似蜡笔在纹理背景上绘图产生的纹理浮雕效果。
- 底纹效果：可以根据所选的纹理类型使图像产生一种纹理效果。
- 调色刀：可以将图像的色彩层次简化，使相近的颜色融合，产生类似粗笔画的绘图效果。
- 干画笔：可以使图像生成一种干燥的笔触效果，类似绘画中的干画笔效果。
- 海报边缘：可以使图像查找出颜色差异较大的区域，并为其边缘填充黑色，使图像产生海报画的效果。

- 海绵：可以使图像产生类似海绵浸湿的图像效果。
- 绘画涂抹：可以使图像产生类似用手指在湿画上涂抹的模糊效果。
- 胶片颗粒：可以使图像产生类似胶片颗粒的效果。
- 木刻：可以将图像制作成类似木刻画的效果。
- 霓虹灯光：可以使图像的亮部区域产生类似霓虹灯的光照效果。
- 水彩：可以使图像产生类似水彩画的效果。
- 塑料包装：可以使图像产生质感较强并具有立体感的塑料效果。
- 涂抹棒：可以使图像产生类似用粉笔或蜡笔在纸上涂抹的效果。

🔗 资源链接

为了更加直观地查看滤镜库中滤镜的具体效果，用户可扫描右侧的二维码查看。

扫码看详情

技能提升

图9-11所示为图像应用滤镜前后的对比效果。请结合本小节所讲知识，分析该作品并进行练习。

（1）分析通过滤镜库中的哪些滤镜能够制作出这种水彩绘画效果。

（2）尝试为提供的素材（素材位置：素材\第9章\小猫.jpg）应用滤镜库中的多种滤镜，并调整参数制作出其他效果，以提升滤镜库的掌握度以及综合运用多个滤镜的能力。

高清彩图　　　效果示例

图9-11　应用滤镜前后的对比效果

🔗 资源链接

滤镜虽然可以修改图像的外观效果，但会影响原始图像信息。而智能滤镜则是非破坏性的滤镜，即应用滤镜后可以还原应用滤镜前的图层效果。智能滤镜的相关操作方法可扫描右侧的二维码查看。

扫码看详情

9.2
应用独立滤镜

除了滤镜库之外，还有一些使用频率较高的滤镜被独立放置在"滤镜"菜单中，以便用户直接选择。

9.2.1 课堂案例——制作油画风格手机壁纸

案例说明：某工作室为一款手机制作了一套油画风格的主题，目前还需要再制作一个手机壁纸。而拍摄的素材照片由于镜头原因出现了失真问题，需要先进行调整，再将其制作成油画风格的手机壁纸，参考效果如图9-12所示。

知识要点："镜头校正"滤镜；"油画"滤镜；"消失点"滤镜。

素材位置：素材\第9章\手机壁纸.jpg、手机.jpg

效果位置：效果\第9章\手机壁纸.psd、油画风格手机壁纸.psd

高清彩图

图9-12 油画风格手机壁纸效果

具体操作步骤如下。

STEP 01 打开"手机壁纸.jpg"素材文件，通过图像边缘的扭曲程度发现照片存在失真问题，选择【滤镜】/【镜头校正】命令，打开"镜头校正"对话框，单击"自定"选项卡，将"移去扭曲"滑块向右拖曳，直至图像恢复正常，如图9-13所示。校正完成后单击 确定 按钮。

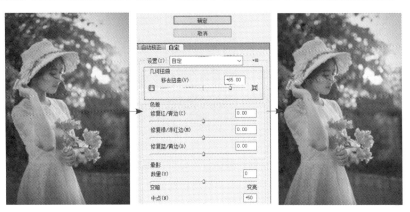

图9-13 应用"镜头校正"命令

视频教学：
课堂案例——制作油画风格手机壁纸

STEP 02 制作油画效果。选择【滤镜】/【油画】命令，打开"油画"对话框，设置参数如图9-14

所示。然后单击 确定 按钮，效果如图9-15所示。

STEP 03 选择"直排文字工具" IT，设置字体为"汉仪全唐诗简"，文字颜色为"白色"，在画面左下角输入图9-16所示文字。适当调整大小，然后对文本图层应用"投影"图层样式，设置距离、扩展和大小分别为"5、0、5"。

图9-14 设置"油画"滤镜　　图9-15 应用"油画"滤镜效果　　图9-16 输入文字

STEP 04 选择"手机壁纸"文件中的所有图层，按【Ctrl+Alt+E】组合键盖印图层，再按【Ctrl+A】组合键全选盖印图层中的图像，然后按【Ctrl+C】组合键复制图像。

STEP 05 打开"手机.jpg"素材文件，选择【滤镜】/【消失点】命令，打开"消失点"对话框。单击"创建平面工具"按钮，在预览图中依次在手机屏幕的4个角上单击鼠标左键以生成网格，如图9-17所示。按【Ctrl+V】组合键粘贴图像，如图9-18所示。

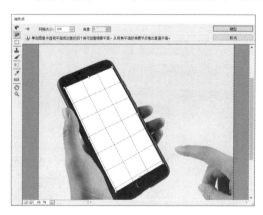 

图9-17 创建网格　　　　　　图9-18 粘贴图像

STEP 06 选择"变换工具"，拖曳图像的4个角调整图像大小，如图9-19所示。然后将其拖曳至创建的网格中，适当调整位置，单击 确定 按钮，最终效果如图9-20所示。按【Ctrl+S】组合键保存文件，并命名为"油画风格手机壁纸"。

STEP 07 切换到"手机壁纸"文件中，按【Ctrl+S】组合键保存文件。

图9-19 调整图像大小

图9-20 最终效果

9.2.2 "自适应广角"滤镜

使用"自适应广角"滤镜可以校正由使用广角镜头而造成的镜头扭曲的图像。其操作方法为：选择
【滤镜】/【自适应广角】命令，打开图9-21所示"自适应广角"对话框，设置其中的参数就能达到校
正图像范围的效果，最后单击 确定 按钮完成设置。

图9-21 "自适应广角"对话框

- "约束工具" ⟍：单击该按钮，然后在图像中单击鼠标左键或拖曳鼠标以绘制直线，可设置线性约
  束，拖曳直线穿过主体图像可校正变形区域，如图9-22所示。
- "多边形约束工具" ⟡：单击该按钮，然后在图像中多次单击鼠标左键以形成封闭图形，可设置多
  边形约束，围绕对象绘制可校正变形区域。
- "校正"下拉列表框：用于选择校正的类型，包括鱼眼、透视、自动和完整球面4个选项。其中
  "鱼眼"选项用于校正由鱼眼镜头引起的极度弯度；"透视"选项用于校正由视角和相机倾斜角引

起的会聚线；"自动"选项用于自动检测变形的区域并进行适当的校正；"完整球面"选项用于校正360度全景图，且全景图的长宽比必须为2∶1。

图9-22　绘制直线

- "缩放"数值框：用于设置图像的缩放情况。
- "焦距"数值框：用于设置图像的焦距情况。
- "裁剪因子"数值框：用于设置需进行裁剪的像素。
- "原照设置"复选框：勾选该复选框，可以使用照片原数据中的焦距和裁剪因子。
- "细节"栏：该栏将显示鼠标指针所在位置的细节。使用"约束工具" 和"多边形约束工具" 时，可通过该栏观察图像以准确定位约束点。

9.2.3　"镜头校正"滤镜

使用"镜头校正"滤镜可以校正存在镜头失真、晕影、色差等问题的图像。其操作方法为：选择【滤镜】/【镜头校正】命令，打开"镜头校正"对话框，在"自定"选项卡中设置参数以校正图像中相应的问题，如图9-23所示。最后单击 确定 按钮完成设置。

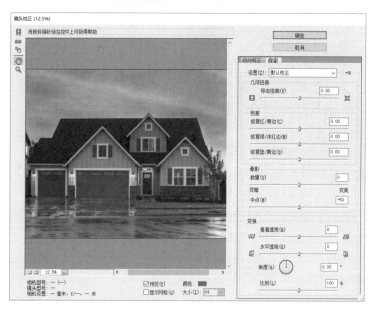

图9-23　"镜头校正"对话框

- "几何扭曲"栏：用于校正镜头的失真。当其值为负值时，图像向中心扭曲，如图9-24所示；当其值为正值时，图像向外部扭曲，如图9-25所示。

图9-24 图像向中心扭曲   图9-25 图像向外部扭曲

- "色差"栏：用于校正图像的色差。其值越大，色彩调整的颜色越艳丽。
- "晕影"栏：用于校正由镜头缺陷造成的图像边缘较暗的问题。其中"数量"数值框用于设置沿图像边缘变亮或变暗的程度；"中点"数值框用于设置受"数量"数值框影响的区域范围。
- "变换"栏：用于校正由镜头位置向上或向下导致的图像透视问题，其中"中直透视"数值框用于校正图像在垂直方向上的透视，图9-26所示为垂直透视为"-80"的效果；"水平透视"数值框用于校正图像在水平方向上的透视，图9-27所示为水平透视为"+60"的效果；"角度"数值框用于设置图像的旋转角度，以校正由相机倾斜造成的图像倾斜；"比例"数值框用于控制镜头的校正比例，类似缩放效果。

图9-26 垂直透视为"-80"的效果   图9-27 水平透视为"+60"的效果

9.2.4 "液化"滤镜

使用"液化"滤镜可以对图像的任意部分进行收缩、膨胀等变形操作，常用于人物修身以及创意效果的制作。其操作方法为：选择【滤镜】/【液化】命令，打开图9-28所示"液化"对话框，使用其中的工具对图像进行操作，最后单击 确定 按钮完成制作。

- "向前变形工具" ：单击该按钮，然后在图像上涂抹，可使涂抹区域产生向前位移的

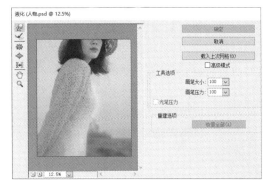

图9-28 "液化"对话框

183

效果。使用"向前变形工具"前后的对比效果如图9-29所示。

图9-29 使用"向前变形工具"前后的对比效果

- "重建工具" ✎：单击该按钮，然后在液化变形后的图像上涂抹，可将涂抹区域的变形效果还原为原图像。
- "褶皱工具" ▦：单击该按钮，然后在图像上涂抹，可使涂抹区域产生向内压缩变形的效果。
- "膨胀工具" ◈：单击该按钮，然后在图像上涂抹，可使涂抹区域产生向外膨胀的效果。
- "左推工具" ▨：单击该按钮，然后在图像中向上拖曳鼠标，图像中的像素将向左移动；向下拖曳鼠标，图像中的像素将向右移动。

9.2.5 "油画"滤镜

使用"油画"滤镜可以将图像转换为手绘油画的效果。其操作方法为：选择【滤镜】/【油画】命令，打开图9-30所示"油画"对话框，在其中设置相关参数可制作出油画效果，最后单击 确定 按钮完成制作。

图9-30 "油画"对话框

- "样式化"数值框：用于设置笔触样式。
- "清洁度"数值框：用于设置纹理的柔化程度。
- "缩放"数值框：用于设置纹理的缩放比例。
- "硬毛刷细节"数值框：用于设置画笔细节的数量。
- "角方向"数值框：用于设置光线的照射角度。
- "闪亮"数值框：用于提高纹理的清晰度。

9.2.6 "消失点"滤镜

使用"消失点"滤镜可以在图像中创建一个平面，然后在该平面中进行绘画、仿制图像、粘贴图像等操作，并自动按照透视角度和比例调整平面中的图像。其操作方法为：选择【滤镜】/【消失点】命令，打开图9-31所示"消失点"对话框，然后通过左侧的相关工具进行操作，最后单击 确定 按钮完成制作。该对话框中的"仿制图章工具" 和"画笔工具" 与工具箱中对应工具的用法相同。

图9-31 "消失点"对话框

- "编辑平面工具" ：用于选择或编辑网格。图9-32所示为通过四周的控制点改变网格形状。

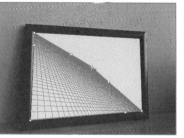

图9-32 通过四周的控制点改变网格形状

- "创建平面工具" ：用于在画面中创建平面。

- "选框工具" ⬚：用于移动粘贴到画面中的图像。
- "变换工具" ▦：用于对网格区域的图像进行变换操作。
- "吸管工具" ✒：用于设置绘图的颜色。
- "测量工具" ▭：用于查看两点之间的距离。

技能提升

　　"液化"滤镜常用于对人物的身体、面部等进行修饰。图9-33所示为应用"液化"滤镜调整人物前后的对比效果。请结合本小节所讲知识，尝试使用"液化"滤镜中的各种工具对提供的素材（素材位置：素材\第9章\人物.jpg）中的人物进行调整，以提升"液化"滤镜的运用能力。

图9-33　应用"液化"滤镜调整人物前后的对比效果

高清彩图

9.3
应用滤镜组

　　Photoshop中的"滤镜"菜单按产生效果的不同将滤镜分为"风格化""模糊""扭曲""锐化"等9个滤镜组，用户可根据需要进行选择。

9.3.1　课堂案例——制作文创明信片

　　案例说明："亦茶"庄园为传承和发展传统文化，同时丰富旅游业态，将以"文化+旅游中心"的形式融合文化创意与相关产业，制作相关的文创明信片。文创明信片除了能够展现出庄园的特色外，还能作为纪念品赠予消费者以扩大宣传。要求明信片中的图像具有一定的创意性，并在背面写有庄园名称，参考效果如图9-34所示。

高清彩图

  知识要点："扩散"滤镜；"高斯模糊"滤镜；"凸出"滤镜。

  素材位置：素材\第9章\正面图像.jpg、背面图像.jpg

  效果位置：效果\第9章\明信片正面.psd、明信片背面.psd

图9-34 文创明信片效果

  设计素养

  明信片是一种不用信封就可以直接投寄的，且写有文字内容并带有图像的卡片，其中图像可以是拍摄的照片，也可以是绘制的画面。明信片的正面通常为图像，背面通常写收件人的邮编、地址、姓名和祝福语等信息。常见的明信片尺寸有 165 毫米 x102 毫米、148 毫米 x100 毫米、25 毫米 x78 毫米等。

  具体操作步骤如下。

STEP 01 新建大小为"165毫米×102毫米"、分辨率为"72像素/英寸"、颜色模式为"CMYK颜色"、名称为"明信片正面"的文件。置入"正面图像.jpg"素材，适当调整大小，然后将其栅格化为普通图层。

STEP 02 画面色彩较为灰暗，需要调整图像色调，添加"色阶"调整图层，将画面中偏暗的部分调亮，设置参数如图9-35所示。调整前后的对比效果如图9-36所示。

视频教学：
课堂案例——制作文创明信片

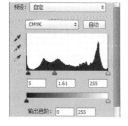

图9-35 设置色阶   图9-36 调整前后的对比效果

STEP 03 选择"正面图像"图层，再选择【滤镜】/【风格化】/【扩散】命令，打开"扩散"对话框，设置参数如图9-37所示。效果如图9-38所示。

图9-37　设置扩散　　　　　　　　　　　图9-38　扩散效果

STEP 04 选择"矩形选框工具" 📷 ，先按【Ctrl+A】组合键全选对象，再按住【Alt】键不放绘制矩形选区，然后选择【滤镜】/【模糊】/【高斯模糊】命令，打开"高斯模糊"对话框，设置半径为"120.0像素"，使选区部分变模糊，如图9-39所示。取消选区，然后按【Ctrl+S】组合键保存文件。

图9-39　对选区应用高斯模糊

STEP 05 新建大小为"165毫米×102毫米"、分辨率为"72像素/英寸"、颜色模式为"CMYK颜色"、名称为"明信片背面"的文件。

STEP 06 选择"矩形工具" ■ ，设置描边颜色为"#5b6b2d"，描边宽度为"1点"，在画面中绘制多个正方形；再选择"直线工具" ✎ ，保持描边颜色与矩形一致，设置描边宽度为"2点"，绘制多条直线，效果如图9-40所示。

STEP 07 选择"矩形工具" ■ ，设置填充颜色为"#5b6b2d"，在左侧绘制一个矩形。选择"横排文字工具" Ⅰ ，设置字体为"汉仪全唐诗简"，文字颜色为"#5b6b2d"，输入图9-41所示文字，适当调整文字大小。

图9-40　效果展示（1）　　　　　　　　图9-41　输入文字

STEP 08 置入"背面图像.jpg"素材，将其栅格化为普通图层，并将该图层移至左侧填充矩形所在

188

图层上方，然后为其创建剪贴蒙版，再适当调整图像的大小和位置，效果如图9-42所示。

STEP 09 选择"背面图像"图层，再选择【滤镜】/【风格化】/【凸出】命令，打开"凸出"对话框，在其中设置参数如图9-43所示。效果如图9-44所示。

| 图9-42 效果展示（2） | 图9-43 设置凸出 | 图9-44 凸出效果 |

STEP 10 新建图层并将其置于"图层"面板最底层，为其填充"白色"，然后添加"描边"图层样式，设置参数如图9-45所示。设置填充颜色为"#9dac61"，效果如图9-46所示。

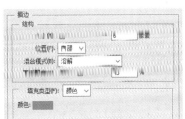

图9-45 设置描边　　　　　　　图9-46 描边效果

STEP 11 完成后查看最终效果，并按【Ctrl+S】组合键保存文件。

9.3.2 "风格化"滤镜组

"风格化"滤镜组包括"查找边缘""等高线""风"等8种滤镜，选择【滤镜】/【风格化】命令，可在弹出的子菜单中选择相应命令。其中常用的滤镜有以下5种。

- "查找边缘"滤镜：可以查找图像中主色块颜色变化的区域，并为查找到的边缘轮廓描边，使图像看起来像用笔刷勾勒的轮廓一样，应用"查找边缘"滤镜前后的对比效果如图9-47所示。该滤镜无参数对话框。

图9-47 应用"查找边缘"滤镜前后的对比效果

- "风"滤镜：可以将图像的边缘以一个方向为准向外移动远近不同的距离，实现类似风吹的效果。

- "扩散"滤镜：可以使图像产生看起来像透过磨砂玻璃显示的模糊效果。
- "拼贴"滤镜：可以将图像分成多个小块，使图像产生由方块瓷砖拼贴而成的效果。
- "凸出"滤镜：可以将图像分成数量不等，但大小相同并有序叠放的立体方块。

9.3.3 "模糊"滤镜组

"模糊"滤镜组可以通过削弱图像中相邻像素的对比度来产生模糊效果。该滤镜组包括"场景模糊""光圈模糊""倾斜偏移"等14种滤镜，选择【滤镜】/【模糊】命令，可在弹出的子菜单中选择相应命令。其中常用的滤镜有以下9种。

- "场景模糊"滤镜：可以使画面不同区域呈现出不同模糊程度的效果。其操作方法为：在画面中单击鼠标左键以添加多个点，拖曳圆环可改变该点周围的模糊程度，如图9-48所示。
- "光圈模糊"滤镜：可以将一个或多个焦点添加到图像中，并对焦点的大小、形状以及焦点区域外的模糊数量和清晰度等进行设置，如图9-49所示。

图9-48 "场景模糊"滤镜效果　　　图9-49 "光圈模糊"滤镜效果

- "表面模糊"滤镜：可以在模糊图像时保留图像边缘。
- "动感模糊"滤镜：可以通过线性位移图像中某一方向上的像素来产生运动的模糊效果。
- "高斯模糊"滤镜：可以根据高斯曲线对图像进行选择性的模糊，以产生强烈的模糊效果。
- "径向模糊"滤镜：可以使图像产生旋转或放射状模糊效果。
- "镜头模糊"滤镜：可以使图像产生类似摄像时镜头抖动产生的模糊效果。
- "特殊模糊"滤镜：可以找出图像边缘以及模糊边缘以内的区域，从而产生一种边界清晰、中心模糊的效果。
- "形状模糊"滤镜：可以使图像以指定的形状作为模糊中心来产生模糊效果。

9.3.4 "扭曲"滤镜组

"扭曲"滤镜组包括"波浪""波纹""极坐标"等9种滤镜，选择【滤镜】/【扭曲】命令，可在弹出的子菜单中选择相应命令。其中常用的滤镜有以下5种。

- "波浪"滤镜：可以设置波长使图像产生波浪涌动的效果。
- "极坐标"滤镜：可以改变图像的坐标方式，使图像产生极端的变形。应用该滤镜前后的对比效果如图9-50所示。
- "球面化"滤镜：可以模拟将图像包在球上并伸展图像来适合球面，从而产生球面化的效果。

- "旋转扭曲"滤镜：可以使图像产生旋转扭曲效果。且旋转中心为物体的中心。
- "置换"滤镜：可以使图像产生移位效果。移位的方向不仅与参数设置有关，还与位移图像文件有密切关系。使用该滤镜需要两个文件才能完成，一个是要编辑的图像文件；另一个是位移图像文件，它充当位移模板，用于控制位移的方向。

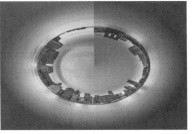

图9-50　应用"极坐标"滤镜前后的对比效果

9.3.5 "锐化"滤镜组

"锐化"滤镜组可以使模糊的图像变得清晰，但锐化过度会导致图像失真。该滤镜组包括"USM锐化""进一步锐化""锐化"等5种滤镜，选择【滤镜】/【锐化】命令，可在弹出的子菜单中选择相应命令。其中常用的滤镜有以下4种。

- "USM锐化"滤镜：可以在图像边缘两侧分别制作一条明线或暗线来调整边缘细节的对比度，使图像边缘轮廓锐化。
- "锐化"滤镜：可以通过提高像素之间的对比度来提高图像的清晰度。
- "锐化边缘"滤镜：可以锐化图像的边缘，并保留图像整体的平滑度。该滤镜无参数对话框。
- "智能锐化"滤镜：可以在打开的对话框（见图9-51）中设置锐化算法、控制阴影和高光区域的锐化量，以实现更加精细的锐化。

图9-51　"智能锐化"对话框

资源链接

"滤镜"菜单中的滤镜组还有"视频""像素化""渲染""杂色""其他"滤镜组，这些滤镜组的具体参数可扫描右侧的二维码查看。

扫码看详情

疑难
解答

若自带的滤镜不能够满足图像处理需求，如何使用外部滤镜？

在使用外部滤镜之前，需要先安装。若外部滤镜以安装包的形式存在，则在该安装包上双击鼠标左键即可安装，否则需将外部滤镜文件夹复制到 Photoshop 安装目录下的"Plug-in"文件夹中。安装完成后，需重启 Photoshop，然后在"滤镜"菜单中选择外部滤镜。

技能
提升

图9-52所示为应用多种滤镜制作的燃烧的火球前后的对比效果。请结合本小节所讲知识，分析应用哪些滤镜可以制作出周围的火焰效果。

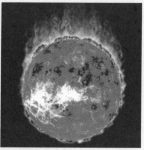

高清彩图

图9-52　应用多种滤镜前后的对比效果

课堂实训

9.4.1 制作油画风格装饰画

1．实训背景

某家居公司准备将拍摄的风景照片制作为油画风格的装饰画，然后作为家装装饰画售卖。现需要调整风景照片的画面效果，再将其放置在家居场景中模拟真实效果。

2．实训思路

（1）色调调整。风景装饰画通常色彩较为鲜艳，可通过"亮度/对比度"调整图层为画面整体添加亮度，再通过"色彩平衡"调整图层适当调整色彩的分布。

（2）风格制作。本实训将制作油画风格的图像，可通过滤镜库中"喷溅"和"风格化"滤镜组中的"查找边缘"滤镜来实现，再利用"纹理"滤镜组中的"纹理化"滤镜来为图像增加纹理。风格制作前后的对比效果如图9-53所示。

高清彩图

（3）场景设计。为模拟场景的真实感，可通过"消失点"滤镜将制作好的装饰画图像添加到拍摄的场景图中。

本实训的参考效果如图9-54所示。

图9-53　风格制作前后的对比效果　　　　　　　图9-54　参考效果

素材所在位置：素材\第9章\风景照片.jpg、画框.jpg

效果所在位置：效果\第9章\风景照片.psd、油画风格装饰画.psd

3. 步骤提示

STEP 01 打开"风景照片.jpg"素材文件，添加"亮度/对比度"和"色彩平衡"调整图层，适当调整参数。

视频教学：
制作油画风格装饰画

STEP 02 复制"背景"图层并重命名为"图像"，选择【滤镜】/【滤镜库】命令，打开"滤镜库"对话框，添加"画笔描边"滤镜组中的"喷溅"滤镜，适当调整参数后，单击 确定 按钮。

STEP 03 复制"图像"图层并重命名为"边缘"，选择【滤镜】/【风格化】/【查找边缘】命令，设置图层混合模式为"叠加"，不透明度为"60%"。

STEP 04 选择"图像"图层，添加滤镜库中"纹理"滤镜组的"纹理化"滤镜，适当调整参数后，单击 确定 按钮。按【Ctrl+Shift+Alt+E】组合键盖印所有可见图层，然后按【Ctrl+A】组合键全选对象，最后按【Ctrl+C】组合键进行复制。

STEP 05 打开"画框.jpg"素材文件，选择【滤镜】/【消失点】命令，沿着画框的位置绘制平面，然后按【Ctrl+V】组合键粘贴图像，再使用"变换工具" 调整图像大小并将其拖曳至创建的平面中。

STEP 06 完成后查看最终效果，按【Ctrl+S】组合键保存文件，并设置文件名称为"油画风格装饰画"。切换到"风景照片"文件，按【Ctrl+S】组合键保存文件。

9.4.2 制作水墨风格笔记本封面

1. 实训背景

水墨画是指由水和墨调配成不同深浅的墨色，使用工具蘸取墨汁所画出的画，是我国的传统绘画形式，也是国画的代表。水墨风格的设计能够体现出更深层次的文化底蕴。"山水之间"旅游区准备将拍摄的图像制作成水墨风格的笔记本封面，以展现国画的风采。

2. 实训思路

（1）风格制作。本实训将制作水墨风格的图像，可通过"色相/饱和度"命令适当降低图像饱和度，通过"查找边缘"滤镜凸出图像轮廓，再利用"高斯模糊"滤镜制作渲染效果，将多个效果叠加，并适当调整不透明度。风格制作前后的对比效果如图9-55所示。

（2）封面设计。将调整好的图像移至封面下方，并利用图层蒙版调整图像的边缘，使画面更具朦胧感，再通过"正片叠底"混合模式使图像与背景融合。

本实训的参考效果如图9-56所示。

图9-55　风格制作前后的对比效果

高清彩图

图9-56　参考效果

素材所在位置：素材\第9章\水墨风格.jpg

效果所在位置：效果\第9章\水墨风格.psd、水墨风格笔记本封面.psd

3. 步骤提示

STEP 01 打开"水墨风格.jpg"素材文件，复制"背景"图层并重命名为"调色"，按【Ctrl+U】

组合键打开"色相/饱和度"对话框，适当降低饱和度。

STEP 02 复制"调色"图层并重命名为"轮廓"，应用"查找边缘"滤镜，设置图层混合模式为"叠加"，不透明度为"60%"。

STEP 03 复制"调色"图层并重命名为"图像"，选择【滤镜】/【模糊】/【高斯模糊】命令，适当模糊图像，设置图层混合模式为"叠加"，不透明度为"40%"。按【Ctrl+Shift+Alt+E】组合键盖印所有可见图层，并重命名为"水墨风格"。

STEP 04 新建大小为"120毫米×160毫米"、分辨率为"72像素/英寸"、颜色模式为"CMYK颜色"、名称为"水墨风格笔记本封面"的文件。为"背景"图层填充"#eeebdc"颜色。

STEP 05 将调整好的"水墨风格"图层移至"水墨风格笔记本封面"文件中，为其创建图层蒙版，选择"画笔工具" ，并设置前景色为"黑色"，再涂抹图像边缘使其变得模糊，然后设置图层混合模式为"正片叠底"。

STEP 06 使用"直排文字工具" 在右上角输入"笔记本"文字，适当调整大小。完成后查看最终效果，并按【Ctrl+S】组合键保存文件，切换到"水墨风格"文件，按【Ctrl+S】组合键保存文件。

视频教学：
制作水墨风格笔记本封面

9.5 课后练习

练习 1 制作插画风格的照片

某幼儿园准备将拍摄的照片制作成插画风格，然后作为装饰摆放在幼儿园内，营造出温馨的氛围，要求画面简洁，效果美观。可结合"纹理化""调色刀""海报边缘"滤镜进行制作，并适当调整图层的不透明度，添加图层蒙版。制作前后的对比效果如图9-57所示。

高清彩图

素材所在位置：素材\第9章\幼儿园照片.jpg
效果所在位置：效果\第9章\插画风格照片.psd

图9-57　制作前后的对比效果

练习 2 制作水彩风格明信片

  某动物保护组织准备为捐赠物资的人员制作明信片作为回馈，并以小动物的照片作为明信片的图像。可通过滤镜库中的"干画笔"和"绘画涂抹"滤镜制作水彩效果，再利用"查找边缘"和"高斯模糊"滤镜完善效果。本练习完成后的效果如图9-58所示。

素材所在位置： 素材\第9章\兔子.jpg

效果所在位置： 效果\第9章\水彩风格明信片.psd

图9-58　水彩风格明信片效果

第 **10** 章 综合案例

本章将综合运用Photoshop的各项功能完成几个商业案例的制作，包括海报设计、商品精修、图像合成、包装设计和App界面设计，以帮助读者进一步巩固前面所学知识，并熟练掌握Photoshop的使用方法，从而积累图像处理的实战经验。

▎ 📖 学习目标

　◎ 掌握使用Photoshop制作不同领域商业案例的方法
　◎ 掌握Photoshop各项功能的操作方法

▎ ✧ 素养目标

　◎ 提升对Photoshop各功能的综合运用能力
　◎ 提高图像处理的效率与水平

▎ ◈ 案例展示

"绿色出行"环保海报效果

洗发水 Banner 效果

10.1

海报设计——制作"绿色出行"环保海报

10.1.1 案例背景

　　绿色出行是节能、环保和生态的一种生活方式。某部门将组织开展宣传活动，为进一步优化道路交通环境，共享健康、绿色的出行方式，倡导广大市民积极参与到"绿色出行"活动中，用实际行动带动身边的人加入低碳生活，减少污染排放，守卫共同的家园，现需要制作"绿色出行"环保海报进行宣传。

> ✎ 设计素养
>
> 　　绿色出行是指采取相对环保的出行方式，通过碳减排和碳中和的生活方式，实现环境资源和交通的可持续利用，鼓励用户采取步行、骑自行车等方式，尽量乘坐地铁、公共汽车等公共交通工具。这一方面能够提高人们的出行效率，降低社会运行成本，另一方面还能有效减少机动车污染物排放。

10.1.2 案例要求

　　为更好地完成"绿色出行"环保海报的制作，需要注意以下要求。

　　（1）海报内容以展现"绿色出行"为主，从绿色低碳、便捷出行等方面进行设计，弘扬传播绿色出行的正能量，画面与文字需简洁明了，且具有感染力和良好的视觉效果。海报尺寸为600像素×800像素。

　　（2）要求突出画面中的主体内容，最下层的背景可采用以绿色为主的绿叶图像，并利用"高斯模糊"滤镜适当进行模糊。在画面中间可绘制矩形作为主内容的背景，然后利用"投影"图层样式为矩形制作立体效果，使海报具有一定的层次感。

　　（3）要清晰明了地展现出需传达的信息，可采用上文下图的排版方式。另外，可在海报下方放置次要文字信息作为补充内容。

　　（4）要求在海报中展现出"绿色出行"的理念，可使用自行车的剪影作为主体，然后利用剪贴蒙版使绿叶图像的背景清晰填充在剪影中，与背景中的模糊效果形成一定的对比。

　　（5）要求海报中的主题文字简洁、美观、大方，次要文字在易于识别的基础上还要具有设计感。

　　（6）要求在海报中添加装饰元素，以提升画面效果，增强视觉表现力，如在海报中添加与主题和背景风格相契合的绿叶，使飘落的落叶为静态的海报带来动态的设计感。

　　本案例的参考效果如图10-1所示。

图10-1 参考效果

素材所在位置: 素材\第10章\"绿色出行"环保海报

效果所在位置: 效果\第10章\"绿色出行"环保海报.psd

10.1.3 制作思路

具体制作思路如下。

1. 背景设计

视频教学:
制作"绿色出行"
环保海报

STEP 01 新建大小为"600像素×800像素"、分辨率为"72像素/英寸"、颜色模式为"RGB颜色"、名称为"'绿色出行'环保海报"的文件。

STEP 02 置入"绿色背景.jpg"素材,按【Ctrl+J】组合键复制该图层,然后为复制图层应用"高斯模糊"滤镜,适当调整半径,制作出模糊效果。制作前后的对比效果如图10-2所示。

STEP 03 选择"矩形工具"■,取消填充,设置描边颜色为"#ffffff",描边宽度为"6点",在画面中绘制一个500像素×700像素的矩形,然后为其添加"投影"图层样式,制作出立体感。

STEP 04 选择"矩形工具"■,设置填充颜色为"#6bb697",在步骤03绘制的矩形中绘制一个450像素×650像素的矩形,并使两个矩形居中对齐位于画面中间,如图10-3所示。

STEP 05 选择"横排文字工具"T,设置字体为"方正兰亭中黑简体",在中间矩形上方输入"绿色出行 低碳生活"文字,在中间矩形下方输入"共|建|美|好|家|园"文字,修改字体为"时尚中黑简体",分别调整文字大小和字符间距。

图 10-2　制作前后的对比效果

图 10-3　绘制矩形

2. 样式设计

STEP 01　置入"自行车.jpg"素材，在"图层"面板中按住【Ctrl】键不放，在"自行车"图层的缩览图上单击鼠标左键以创建选区。选择【选择】/【修改】/【扩展】命令，打开"扩展"对话框，设置扩展量后单击 确定 按钮，使选区向外扩展一定距离，然后直接在该图层中填充选区。前后对比效果如图10-4所示。

STEP 02　为"自行车"图层添加"外发光"图层样式，适当调整扩展和大小的值。将"绿色背景"图层移至"自行车"图层上方，然后为其创建剪贴蒙版，效果如图10-5所示。

3. 添加装饰元素

STEP 01　置入"落叶01.jpg ~ 落叶05.jpg"素材，复制"落叶01"和"落叶05"图层，适当调整所有落叶图层的大小和位置，然后为所有落叶图层创建图层组并重命名为"落叶"。

STEP 02　完成后查看最终效果，如图10-6所示。按【Ctrl+S】组合键保存文件。

图 10-4　前后对比效果

图 10-5　效果展示

图 10-6　最终效果

10.2 商品精修——制作洗发水Banner

10.2.1 案例背景

购物节即将来临，某品牌即将上新一款洗发水，准备为其制作Banner，投放到店铺首页，以吸引消费者的视线，使其点击该Banner进入商品详情页，从而起到引流的作用。但拍摄的商品图像颜色偏暗，金属与瓶盖部分的光影层次不够明显，整体效果不够理想，需要先精修商品图像，再将其制作成Banner。

10.2.2 案例要求

为更好地完成本案例的制作，需要从以下3个方面进行设计。

（1）先精修商品，具体需要制作瓶盖的金属质感、瓶身的文字和光影效果。制作时，需根据实际情况进行调整。瓶盖的金属质感可通过渐变填充来实现，在设置渐变时可反复调整各颜色的位置以达到逼真的效果；瓶身的文字可抹除后再重新输入，确保文字清晰可见；瓶身的光影效果可直接通过修饰工具调整。

（2）在制作Banner时需选择适合该商品的风格和色彩，以突出商品主体。可使用与商品色彩较为相似的浅棕色作为主色调，使用与瓶盖颜色相近的颜色作为辅助色，这样既使整体色调统一，又使主次清晰。

（3）版式设计要求能够便于消费者快速获取到有效信息。可采用左文右图的方式布局，左侧通过文字展现活动的信息和商品卖点，按文字的大小展现出层次感，版式设计如图10-7所示；右侧放置精修后的商品图像，可为其制作倒影提高美观度。

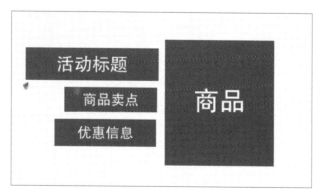

图10-7 版式设计

本案例的参考效果如图10-8所示。

素材所在位置：素材\第10章\洗发水Banner\

效果所在位置： 效果\第10章\洗发水.psd、洗发水Banner.psd

图 10-8　参考效果

10.2.3　制作思路

具体制作思路如下。

1. 商品精修

STEP 01 打开 "洗发水.png" 素材文件，新建图层并重命名为 "背景"，将其置于 "图层" 面板最下层，再填充 "#ffffff" 颜色，以便观察修复效果。

STEP 02 新建图层并重命名为 "顶部"，使用 "钢笔工具" ✐沿着最上方银色的区域绘制路径，然后将路径转换为选区。

视频教学：
制作洗发水
Banner

STEP 03 选择 "渐变工具" ▣，设置渐变类型为 "线性渐变"，渐变颜色为 "#999899 ~ #ffffff ~ #6b6b6b ~ #ffffff ~ #999899"，适当调整各个颜色之间的范围，如图10-9所示。然后在选区左侧按住鼠标左键不放并向右拖曳鼠标填充渐变色，效果如图10-10所示。

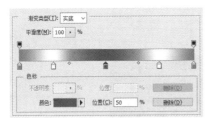

图 10-9　设置渐变

图 10-10　效果展示（1）

STEP 04 取消选区，新建图层并重命名为 "瓶盖"，使用 "钢笔工具" ✐沿着银色区域下方瓶盖的部分绘制，然后将其转换为选区。

STEP 05 选择 "渐变工具" ▣，设置渐变类型为 "线性渐变"，渐变颜色为 "#852123 ~ #ffffff ~ #d47676 ~ #a42a29 ~ #1b0706 ~ #a42a29 ~ #d47676 ~ #ffffff ~ #852123"，适当调整各个颜色之间的范围，然后在选区左侧按住鼠标左键不放并向右拖曳鼠标填充渐变色，效果如图10-11所示。

STEP 06 瓶盖的左右两侧是倾斜的，需要调整。使用 "涂抹工具" ✐在选区两侧分别从下往上涂抹，使边缘的颜色更为均匀，如图10-12所示。然后取消选区。

图10-11 效果展示（2）

图10-12 涂抹边缘

STEP 07 瓶身的文字较为模糊，若直接使用"锐化工具" △涂抹会导致文字失真，可先将其抹除后再重新输入。选择"污点修复画笔工具" ，适当调整画笔大小，在文字处涂抹，如图10-13所示。效果如图10-14所示。

STEP 08 选择"横排文字工具" T，设置字体为"方正黑体_GBK"，输入图10-15所示文字，字体大小分别为"15.5点"和"10点"。

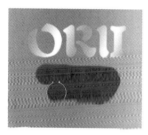

图10-13 涂抹文字

图10-14 抹除效果

图10-15 输入文字

STEP 09 使用与步骤08相同的方法重新在下方输入"净含量：250ml"文字，保持字体不变，修改文字大小为"8点"。

STEP 10 选择"图层0"图层，然后选择"减淡工具" ，在瓶身两侧的高光区域涂抹，以加强高光效果。再使用"涂抹工具" 涂抹瓶身的中间区域，使其颜色更加均匀。涂抹瓶身前后的对比效果如图10-16所示。

STEP 11 隐藏背景图层，按【Ctrl+Shift+Alt+E】组合键盖印图层，将其重命名为"250ml"，然后隐藏该图层。将"净含量：250ml"文字图层修改为"净含量：180ml"，再次盖印图层，将其重命名为"180ml"，并适当缩小。隐藏除盖印图层和背景图层外的所有图层查看效果，如图10-17所示。按【Ctrl+S】组合键保存文件。

图10-16 涂抹瓶身前后的对比效果

图10-17 查看效果

2. 版式设计

STEP 01 新建大小为"1280像素×600像素"、分辨率为"72像素/英寸"、颜色模式为"RGB颜色"、名称为"洗发水Banner"的文件。置入"背景.jpg"素材，适当调整大小作为Banner背景。

STEP 02 将盖印的2个图层移至"洗发水Banner"文件中，复制这2个图层并将其垂直翻转，分别为其添加图层蒙版，然后使用"渐变工具"  在图层蒙版中填充从下往上的黑色到白色的渐变，以制作出倒影的效果，如图10-18所示。

STEP 03 使用"横排文字工具" T 在画面左侧输入图10-19所示文字，设置字体分别为"方正大黑简体""方正大标宋简体"，字体颜色分别为"#ca370f""#ffffff"，适当调整文字大小，再使用"矩形工具" ■ 在优惠信息文字下方绘制一个填充颜色为"#ca370f"的矩形。完成后查看最终效果，并按【Ctrl+S】组合键保存文件。

图 10-18　制作倒影效果

图 10-19　输入文字

10.3

图像合成——合成电影宣传广告

10.3.1　案例背景

一部电影能够成功，宣传工作起着至关重要的作用。电影"海旅"将于10月26日上映，该电影主打"奇幻""剧情"。为进行有效宣传，扩大影响力，提高影片票房，需要为其制作宣传广告。

10.3.2　案例要求

为更好地完成电影宣传广告的制作，需要注意以下细节。

（1）该广告在符合电影主题的情况下，除了要能够吸引用户的注意力，还要让其留下一定的记忆点。且该广告需要准确、真实地传达电影的相关信息，如上映日期、导演、监制、演员等，以便用户清晰地掌握该电影的信息，从而有兴趣观影。

（2）为画面增强视觉效果，可利用图层蒙版将人物剪影与画面融合在一起，再将人物边缘模糊化，使其融合更加自然。

（3）在排版文字时，要求将重要信息如电影名称和上映时间放置在引人注目的位置，如上方和中间区域，在下方区域展示电影的导演、监制和演员等信息。

本案例的参考效果如图10-20所示。

素材所在位置：素材\第10章\电影宣传广告\

效果所在位置：效果\第10章\电影宣传广告.psd

高清彩图

图10-20　参考效果

10.3.3　制作思路

具体制作思路如下。

1. 背景设计

STEP 01 新建大小为"1054像素×1600像素"、分辨率为"72像素/英寸"、颜色模式为"RGB颜色"、名称为"电影宣传广告"的文件，将"背景"图层转换为普通图层。

视频教学：
合成电影宣传
广告

STEP 02 选择"渐变工具" ▦ ，设置渐变颜色为"#f2eae6 ~ #fbf9f7"，单击"对称渐变"按钮 ▦ ，在画面中间按住鼠标左键不放并向左侧拖曳鼠标创建渐变效果。

STEP 03 在"背景"图层右侧空白处双击鼠标左键，打开"图层样式"对话框，勾选"描边"复选框，设置大小、位置、颜色分别为"20像素、内部、#ffffff"，效果如图10-21所示。

STEP 04 置入"人物剪影.png"素材，适当调整大小，使剪影的下边界与背景下方的描边对齐，如图10-22所示。

STEP 05 置入"海边.jpg"素材，适当调整大小，使其覆盖人物剪影，然后为"海边"图层创建剪贴蒙版，使画面显示在人物剪影中，效果如图10-23所示。

图10-21 效果展示（1）　　　图10-22 添加人物剪影　　　图10-23 效果展示（2）

STEP 06 为"人物剪影"图层添加图层蒙版，设置前景色为"#000000"，选择"画笔工具" ，设置画笔硬度为"0"，不透明度和流量均为"40%"，涂抹人物剪影的边缘区域使其模糊，效果如图10-24所示。

2. 文字与装饰设计

STEP 01 使用"横排文字工具" T 和"直排文字工具" IT 分别输入图10-25所示文字，设置字体为"汉仪粗宋简"，文字颜色为"#7f1616"，适当调整文字大小和位置。

STEP 02 使用"横排文字工具" T 输入导演、监制和演员的信息文字，设置文字颜色为"#ffffff"，并添加"投影"图层样式，设置不透明度、角度、大小、距离、扩展分别为"75%、30度、1像素、0、1像素"。

STEP 03 使用"矩形工具" 绘制一个填充颜色为"#7f1616"的矩形，将其复制并调整位置，制作为"+"的形状放置在画面左上角，再将这两个矩形复制到画面右上角，效果如图10-26所示。完成后查看最终效果，并按【Ctrl+S】组合键保存文件。

图10-24 效果展示（3）　　　图10-25 输入文字　　　图10-26 最终效果

包装设计——制作"古茗茶舍"礼盒包装

10.4.1 案例背景

临近年终购物节，"古茗茶舍"品牌准备上新一款乌龙茶礼盒。现需要为该乌龙茶设计包装，从而在传达商品信息、宣传品牌的同时，吸引消费者的注意力，促进商品销售。

10.4.2 案例要求

为更好地完成"古茗茶舍"礼盒包装的制作，需要注意以下细节。

（1）商品包装具有对商品的保护性、销售性和方便性3个特点。本案例要求采用方正的纸盒进行包装，并设计一个手提袋，该手提袋要同时具备美观性和实用性，且需要根据商品——茶叶的特点进行设计。

（2）因此要小品现出山脉川的古典韵味，可采用手绘插画的方式绘制山脉、凉亭、大雁等具有古典气息的图形，使整个画面体现出历史悠久、古味悠长的韵味。

（3）为更好地宣传品牌，在包装的正面突出显示"古茗茶舍"文字，以便消费者识别。在包装侧面可展示商品信息，包括商品名称、净重、产地、保质期、生产日期和产品批号等内容，方便消费者了解商品。

（4）为了更好地展现设计效果，要求将平面设计转换为立体设计，并且要增强立体感。

本案例的参考效果如图10-27所示。

高清彩图

图10-27 参考效果

素材所在位置： 素材\第10章\礼盒包装\

效果所在位置： 效果\第10章\包装插画.psd、包装平面图.psd、礼盒包装立体效果.psd

10.4.3 制作思路

具体制作思路如下。

1. 画面设计

STEP 01 新建大小为"1200像素×800像素"、分辨率为"72像素/英寸"、颜色模式为"RGB颜色"、名称为"包装插画"的文件。

STEP 02 使用"钢笔工具" 🖊 绘制两个山脉形状的路径，将其转换为选区后分别填充"#73c5c5"和"#42a3a2"颜色。使用"椭圆工具" ⬭ 绘制两个描边宽度为"20点"的圆环，取消填充，并分别设置描边颜色为"#73c5c5"和"#eee4b9"，效果如图10-28所示。

视频教学：
制作"古茗茶舍"
礼盒包装

STEP 03 使用"钢笔工具" 🖊 绘制凉亭和大雁形状的路径，将其转换为选区后填充"#eee4b9"颜色。复制一个凉亭并将其适当缩小后置于山脉后方，再复制两个大雁并分别调整大小，效果如图10-29所示。

图10-28 绘制山脉和圆环　　　　　图10-29 绘制凉亭和大雁

STEP 04 使用"钢笔工具" 🖊 绘制图10-30所示河流效果路径，将其转换为选区后填充"#eee4b9"颜色。

STEP 05 使用"钢笔工具" 🖊 绘制图10-31所示文字背景路径，将其转换为选区后填充"#ffffff"颜色，然后为选区描边，设置描边宽度为"1像素"，描边颜色为"#eee4b9"。

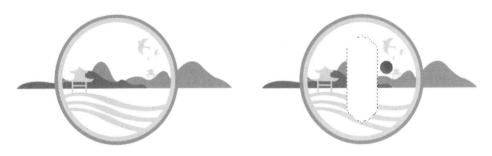

图10-30 绘制河流效果路径　　　　　图10-31 绘制文字背景路径

STEP 06 使用"横排文字工具" T 在文字背景上方输入"古茗茶舍"文字，设置字体为"方正古隶简体"，文字颜色为"#429c9c"，适当调整文字大小和行距。

STEP 07 置入"茶壶.jpg"素材，将其置于文字下方。插画绘制完成后按【Ctrl+Alt+Shift+E】

组合键盖印图层，并重命名为"插画"，以便后期进行操作。隐藏除盖印图层外的所有图层，然后按【Ctrl+S】组合键保存文件。

2. 平面效果制作

STEP 01 打开"包装平面图.jpg"素材文件，左侧为纸盒包装的展开图，右侧为纸袋包装的展开图。按照平面图的大小，使用"矩形工具" ■在展开图矩形部分绘制多个填充颜色为"#215f93"的矩形。

STEP 02 将"包装插画"中盖印的"插画"图层拖曳至"包装平面图"文件中，适当调整大小，并将其复制两个，分别放置在较大的矩形中，效果如图10-32所示。

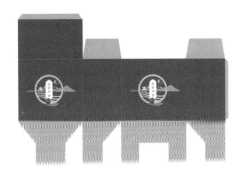

图 10-32 拖曳图层与复制插画

STEP 03 将"包装插画"文件中的文字背景、文字和茶壶拖曳至"包装平面图"文件中，适当调整大小，如图10-33所示位置。

STEP 04 使用"矩形工具" ■在纸盒包装右侧的矩形上绘制一个填充颜色为"#e2e5e9"的矩形，并设置图层的不透明度为"60%"。

STEP 05 使用"横排文字工具" T在矩形上方输入图10-34所示文字，设置字体为"方正正准黑简体"，文字颜色为"#215f93"，适当调整文字大小和行距，再将"包装插画"文件中的两个山脉拖曳至文字下方。

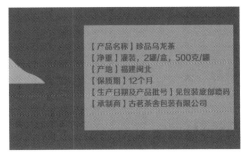

图 10-33 拖曳图层   图 10-34 输入文字

3. 立体效果制作

STEP 01 按【Ctrl+Alt+Shift+E】组合键盖印图层，并重命名为"平面包装"。打开"茶叶包装样机.psd"文件，在"包装平面图"文件中使用"矩形选框工具" ■框选纸盒正面部分，使用"移动工具" ■将其拖曳至"茶叶包装样机"文件中，使用扭曲对象的方式变形图像，使其与包装盒相贴合，效果如图10-35所示。

STEP 02 使用与步骤01相同的方法将其他面的图像分别与纸盒和纸袋相贴合。在调整纸袋上方的图像时，可设置混合模式为"正片叠底"，使其显示出纸袋的褶皱效果，再添加"色阶"调整图层，使纸袋的色调与纸盒统一。再为"样机"图层添加"投影"图层样式，效果如图10-36所示。

STEP 03 完成后查看最终效果，最后按【Ctrl+S】组合键保存文件，并设置文件名称为"礼盒包装立体效果"。

图10-35　效果展示（1）

图10-36　效果展示（2）

App界面设计——"知食乐园"App界面设计

10.5.1　案例背景

　　某企业开发的"知食乐园"App是针对热爱美食、喜欢烹饪的用户设计的，主打各类菜谱的分享，并供喜爱制作美食的用户交流经验。现需设计该App的界面，为用户提供舒适的服务，使其享受烹饪带来的快乐，体会自己动手的乐趣。

10.5.2　案例要求

　　为更好地完成"知食乐园"App界面的设计，需要注意以下细节。

　　（1）要求制作"知食乐园"App的首页。首页是用户进入App时看到的第一个界面，因此要求画面简洁、功能明确，信息层次分明，并确保一定的视觉舒适度，同时界面中的图标与文字相符合，以便用户识别。尺寸要求为1125像素×2436像素。

　　（2）该App以菜谱分享和交流为主，首页除基础的分类栏和状态栏外，还要在导航栏中设置"首页""发现""社区""我的"4个板块。为便于用户检索需要的内容，以及提升用户的体验感，还要求添加搜索功能，以及今日推荐的菜谱。

（3）App的定位为"美食"，要求界面主色调采用较为温暖的橙色，让人联想到美食，从而产生食欲；辅助色可直接采用白色，使画面整体简洁。

（4）为方便用户使用，要求设计首页时，将菜谱分为中餐、西餐、甜品和饮料4类，用户直接点击图标即可进入对应的页面；在下方可添加一些今日推荐的菜谱图像，以便用户选择。

本案例的参考效果如图10-37所示。

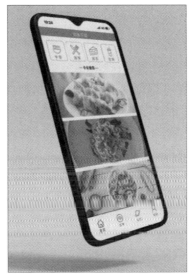

高清彩图

图 10-37　参考效果

素材所在位置： 素材\第10章\"知食乐园"App主界面\
效果所在位置： 效果\第10章\"知食乐园"App界面设计.psd

> **✍ 设计素养**
>
> 　在设计 App 界面之前，通常需要先确定 App 的定位，然后进行用户需求分析，确定 App 的核心功能，接着绘制草图（称为低保真原型图）确定各个功能的设计，最后完善细节设计出最终的界面（高保真原型图）。另外，在设计时还需要注意左右留白，不能完全占满整个画面，否则边缘处会显示不清。

10.5.3　制作思路

具体制作思路如下。

1. 导航栏和标签栏设计

STEP 01 新建大小为"1125像素×2436像素"、分辨率为"72像素/英寸"、颜色模式为"RGB颜色"、背景色为"#ffffff"、名称为"'知食乐园'App界面设计"的文件。置入"状态栏.jpg"素材，将其放置在最顶端。

STEP 02 使用"矩形工具" ▣ 在状态栏下方绘制一个大小为"1125像素×100像

视频教学：
"知食乐
园"App 界面
设计

素"、填充颜色为"#e69e12"的矩形，并重命名为"搜索栏"。使用"横排文字工具" T在矩形中输入"知食乐园"文字，设置字体为"等线"，文字大小为"50点"，文字颜色为"#ffffff"。

STEP 03 置入"搜索.png"素材，锁定其透明度，然后为其填充"#ffffff"颜色，将其放置在橙色矩形右侧，如图10-38所示。将橙色矩形、文字和搜索图标创建为"搜索栏"图层组，以便后期进行管理和修改。

STEP 04 使用"矩形工具" ▦在最下方绘制一个大小为"1125像素×249像素"、填充颜色为"#ffffff"的矩形，并重命名为"导航栏"。

STEP 05 置入"首页.png、发现.png、社区.png、我的.png"素材，适当调整大小使其小于90像素×90像素，并填充"#e69e12"颜色。

STEP 06 选择4个图标，通过工具属性栏中的对齐和分布按钮调整位置，然后使用"横排文字工具" T分别在图标下方输入对应的文字，设置字体为"方正宋黑简体"，文字颜色为"#e69e12"，适当调整文字大小和字符间距。

STEP 07 选择首页图标，为其添加"描边"图层样式，使其呈现加粗效果。使用同样的方法对"首页"文字进行加粗，以表明当前界面位于首页。

STEP 08 为"导航栏"图层添加"投影"图层样式，使其与背景区分开来，如图10-39所示。然后将标签栏中的所有图层创建为"导航栏"图层组。

图 10-38　制作搜索栏

图 10-39　制作标签栏

2. 功能设计

STEP 01 使用"圆角矩形工具" ▦在搜索栏下方绘制一个描边颜色为"#e69e12"、描边宽度为"2点"的圆角矩形，然后将其复制3个，利用对齐和分布按钮将4个圆角矩形排列整齐。

STEP 02 置入"中餐.png、西餐.png、甜品.png、饮料.png"素材，适当调整大小，将它们分别放置在4个圆角矩形中，并填充"#e69e12"颜色。

STEP 03 使用"横排文字工具" T分别在图标下方输入对应的文字，设置字体为"方正宋黑简体"，文字颜色为"#e69e12"，适当调整文字大小和字符间距，如图10-40所示。然后将该板块的图层创建为"分类栏"图层组。

STEP 04 使用"横排文字工具" T在选项下方输入"— 今日推荐 —"文字，设置字体为"方正宋黑简体"，文字颜色为"#000000"，适当调整文字大小和字符间距。

STEP 05 使用"矩形工具" ▦在"— 今日推荐 —"文字下方绘制3个大小为"1125像素×500像素"、填充颜色为"#e69e12"的矩形，如图10-41所示。将3个矩形和"— 今日推荐 —"图层创建为"今日推荐"图层组，并将其移至"导航栏"图层组下方。

STEP 06 置入"美食01.jpg、美食02.jpg、美食03.jpg"素材，置于"今日推荐"图层组中并分别放置在3个矩形图层上方，然后创建剪贴蒙版。完成后查看最终效果，如图10-42所示。按【Ctrl+S】组合键保存文件。

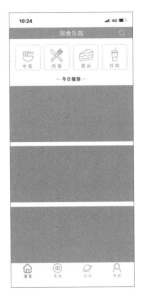

图10-40 制作分类栏　　　图10-41 绘制矩形　　　图10 42 最终效果

10.6 课后练习

练习 1 制作"爱护自然"公益海报

　　每年的6月5日是世界环境日，某爱心组织为倡导"人与自然和谐相处"的理念，准备制作以"爱护自然"为主题的公益海报，以提高用户保护环境的意识，做绿色发展理念的践行者，尺寸大小为600像素×800像素。本练习完成后的参考效果如图10-43所示。

素材所在位置： 素材\第10章\"爱护自然"公益海报\

效果所在位置： 效果\第10章\"爱护自然"公益海报.psd

高清彩图

图10-43 "爱护自然"公益海报效果

练习 2 制作破壁机促销广告

临近购物狂欢节，某品牌电器准备为店内的破壁机制作促销广告以提高销量。要求画面美观大方，在展示商品的同时突出商品的卖点，从而吸引消费者查看和购买，尺寸大小为750像素×470像素。本练习完成后的参考效果如图10-44所示。

素材所在位置： 素材\第10章\破壁机促销广告\

效果所在位置： 效果\第10章\破壁机促销广告.psd

高清视频

图10-44 破壁机促销广告效果

练习 3 制作果汁包装

某饮料公司准备上新一款罐装的果汁饮料，现需要为其设计包装，要求包装符合商品的风格，且颜色鲜艳，能够抓住消费者的眼球。本练习完成后的参考效果如图10-45所示。

素材所在位置： 素材\第10章\果汁包装\

效果所在位置： 效果\第10章\果汁包装平面效果.psd、果汁包装立体效果.psd

高清彩图

图10-45 果汁包装效果

图 10-45 果汁包装效果（续）

练习 4 制作"一起听"App 音乐播放界面

某公司开发的"一起听"App是一款以交流音乐为主的社交平台软件，用户可通过歌曲找到志趣相投的朋友。现需制作该App的音乐播放界面，要求界面美观、图标清晰，尺寸大小为1125像素×2436像素。本练习完成后的参考效果如图10-46所示。

素材所在位置: 素材\第10章\"一起听"App音乐播放界面\

效果所在位置: 效果\第10章\"一起听"App音乐播放界面.psd

高清彩图

图 10-46 "一起听"App 音乐播放界面效果

拓展案例

▶ **海报设计**

电影海报　　　　商品促销海报　　　新品宣传海报　　　科技展览海报

▶ **图片精修**

护肤品精修　　　　戒指精修　　　　服装精修　　　　人像精修

▶ **图像合成**

创意海报合成　　　　主图合成　　　　特效合成　　　艺术照合成

▶ **包装设计**

茶叶包装　　　　洗衣液包装　　　　饮料包装　　　　月饼包装

▶ **界面设计**

网页界面　　　　App 界面　　　　图标设计　　　　软件界面